Der vorliegende Bericht wurde angeregt von Prof. Dr. W. Krull, dessen Untersuchungen über bizyklische Gruppen und reelle Radikalkörper den Ausgangspunkt bildeten.
Herrn Prof. Dr. W. Krull danke ich an dieser Stelle für die Förderung dieser Arbeit und für wertvolle Ratschläge.

FORSCHUNGSBERICHTE DES LANDES NORDRHEIN-WESTFALEN

Nr. 1690

Herausgegeben

im Auftrage des Ministerpräsidenten Dr. Franz Meyers

vom Landesamt für Forschung, Düsseldorf

DK 512.4 519.42 519.44

Dr. rer. nat. Leonhard Gerhards

Rheinisch-Westfälisches Institut für Instrumentelle Mathematik Bonn (IIM)

Verallgemeinerte Isomorphie von Gruppenerweiterungen und kanonische Isomorphie Galoisscher Erweiterungskörper

(Nr. 10 der Schriften des IIM · Serie A)

Springer Fachmedien Wiesbaden GmbH 1966

Diese Veröffentlichung ist zugleich Nr. 10 der »Schriften des Rheinisch-Westfälischen Institutes für Instrumentelle Mathematik an der Universität Bonn (Serie A)«

ISBN 978-3-663-19612-9 ISBN 978-3-663-19658-7 (eBook)
DOI 10.1007/978-3-663-19658-7

Verlags-Nr. 011690

Ursprünglich erschienen bei Westdeutscher Verlag, Köln und Opladen 1966.

Inhalt

Einleitung und Problemstellung

Die in Kapitel I bzw. Kapitel II der vorliegenden Arbeit untersuchten gruppen- bzw. körpertheoretischen Fragestellungen entstammen – historisch gesehen – dem Problemkreis der Galois-Theorie, überschreiten jedoch in gewisser Richtung den Rahmen derjenigen klassischen Untersuchungen, mit denen sie enger verbunden sind.

Unmittelbar an die Hauptsätze der Galois-Theorie schließt sich das Problem an, diejenigen galoisschen – d. h. separablen, normalen – Körper $\mathfrak{N}$ über einem festen Grundkörper $\mathfrak{L}$ zu kennzeichnen, deren Galois-Gruppen zu einer gegebenen abstrakten Gruppe C isomorph sind. Ist C abelsch, so können die Körper $\mathfrak{N}$ durch die algebraische Methode der Kummer-Erzeugung der abelschen Körper durch reine Gleichungen oder – falls $\mathfrak{L}$ ein algebraischer Zahlkörper ist – durch die arithmetische Theorie der Klassenkörper beschrieben werden. In [11] entwickelt P. Wolf eine Kennzeichnungstheorie, die als Verallgemeinerung der Kummer-Erzeugung abelscher Körper auf beliebige endliche Galois-Gruppen C angesehen werden kann.

Hieran anschließend ergibt sich die folgende körpertheoretische Problemstellung: Gegeben sei ein Körper $\mathfrak{N}$ über $\mathfrak{L}$ mit der Galois-Gruppe C, und der Grundkörper $\mathfrak{L}$ sei über einem Teilkörper $\mathfrak{K}$ galoissch mit der Galois-Gruppe Γ. Wann ist dann auch $\mathfrak{N}$ über $\mathfrak{K}$ galoissch mit einer Galois-Gruppe, die zu einer vorgegebenen Gruppenerweiterung G von C durch Γ (im Schreierschen Sinne [9]) isomorph ist? Diese Frage wurde für den Spezialfall einer abelschen Gruppe C durch H. Hasse in [6] beantwortet. Für den allgemeinen Fall vergleiche man die Theorie bei P. Wolf [11], Teil II. Als notwendige und hinreichende Bedingung erhält man die Existenz eines »Verkettungssystems« in $\mathfrak{L}$, das die Bestimmungsstücke des Körpers $\mathfrak{L}$ mit den Invarianten der Gruppenerweiterung G durch zwei Systeme von Verkettungsgleichungen – den körper- und den gruppentheoretischen Verkettungsgleichungen – verknüpft.

Die Kenntnis dieser Gesetze ist von grundlegender Bedeutung für die Aufgabe, alle Körper $\mathfrak{N}$ über $\mathfrak{L}$ mit der Galois-Gruppe C, für die $\mathfrak{N}$ über $\mathfrak{K}$ galoissch ist, zu konstruieren. Hier kommt nun ein wesentliches Moment herein: Während man bei der bloßen Kennzeichnung der Körper $\mathfrak{N}$ über $\mathfrak{L}$ von dem Körper $\mathfrak{N}$ als gegeben ausgeht und dementsprechend die Gruppe C als Automorphismengruppe von $\mathfrak{N}$ über $\mathfrak{L}$ vorliegt, ist C bei der Konstruktion nur als abstrakte Gruppe gegeben, so daß bei der Realisierung von C als Galois-Gruppe von $\mathfrak{N}$ über $\mathfrak{L}$ ein willkürlicher Automorphismus ψ von C freibleibt.

Bei der Konstruktionsaufgabe ist somit der Begriff des Erweiterungstypus weiter zu fassen. In der üblichen Theorie der Gruppenerweiterungen rechnet man die Gruppen G und G' von C durch Γ zum gleichen Erweiterungstypus, wenn ein Isomorphismus $I: G \to G'$ existiert, der die beiden folgenden Eigenschaften besitzt: 1) I induziert in C den identischen Automorphismus. 2) In den Faktorgruppen G/C und G'/C induziert I einen Isomorphismus $J: G/C \to G'/C$ derart, daß die Klassen von G/C und G'/C auf das gleiche Element von Γ bezogen werden. Im Gegensatz dazu ist hier nur zu verlangen, daß I in C einen beliebigen Automorphismus ψ induziert.

Losgelöst von der oben beschriebenen körpertheoretischen Konstruktionsaufgabe läßt sich allgemein vom abstrakt gruppentheoretischen Standpunkt der Begriff des Erweiterungstypus noch allgemeiner fassen: Zwei Erweiterungen G und G' sollen genau dann zum gleichen Erweiterungstypus gehören, wenn ein Isomorphismus $I: G \to G'$ existiert, der die beiden folgenden Eigenschaften besitzt: 1) I induziert in C einen Automorphismus ψ. 2) In den Faktorgruppen G/C und G'/C induziert I einen Isomorphismus $J: G/C \to G'/C$ derart, daß die Klassen von G/C und G'/C Elementen von Γ zugeordnet werden, die durch einen frei wählbaren Automorphismus φ von Γ auseinander hervorgehen.

Diese verallgemeinerten Begriffe der Erweiterungstypen der Gruppenerweiterungen führen in der Menge $\mathfrak{E}(C, \Gamma)$ aller Erweiterungen von C durch Γ zu Äquivalenzklasseneinteilungen der Menge $\mathfrak{E}(C, \Gamma)$ in »*Arten*« bzw. »*Gattungen*«, die »gröber« sind als die Klasseneinteilung in »*Strukturen*«, die durch den – sehr eng gefaßten – Äquivalenzbegriff der üblichen Erweiterungstheorie bedingt ist.

Um die Hauptergebnisse von Kapitel I (§ 5 und § 6) sowie von Kapitel II (§ 4 und § 5) exakt und verständlich beschreiben zu können, müssen wir in Kapitel I, § 1–§ 4, eine Reihe von Sätzen und Begriffsbildungen behandeln, die an sich inhaltlich bekannt sind, die aber hier in einer Form benutzt werden, wie sie für unseren Fall zweckmäßig aber nicht allgemein üblich ist. In Kapitel I, § 1, werden die oben erörterten Äquivalenzbegriffe präzisiert. Kapitel I, § 2, enthält die Begriffe der Kohomologietheorie der Gruppen, die für die in Kapitel I, § 3 und § 4 entwickelte Kennzeichnungstheorie der Gruppenerweiterungen und ihrer Strukturen benötigt werden.

Eines der Hauptergebnisse von Kapitel I ist die in § 5 entwickelte Kennzeichnung der Gattungen und Arten (Satz 5.3 und Satz 5.4) durch die Definition einer auf der Menge aller Erweiterungssysteme operierenden Transformationsgruppe T, deren Elemente aus den Tripeln $[\varphi, \psi, l(x)]$ bestehen, wobei φ bzw. ψ ein Automorphismus von Γ bzw. C und $l: \Gamma \to C$ eine normierte Funktion von Γ in C mit der Eigenschaft $l(e_\Gamma) = e_C$ bedeuten. Die Gattungen von $\mathfrak{E}(C, \Gamma)$ zerfallen im allgemeinen in mehrere Arten. Satz 5.5 von Kapitel I, § 5, zeigt, daß *jede* Art einer festen Gattung aus $\mathfrak{E}(C, \Gamma)$ die gleiche Anzahl von Gruppen enthält, und der wichtige Satz 5.7 von Kapitel I, § 5, liefert ein notwendiges und hinreichendes Kriterium dafür, wann zwei Erweiterungsgruppen G_i und G_k einer festen Gattung zur gleichen Art gehören. Abschließend wird in Kapitel I, § 5, noch eine obere Schranke für die Anzahl der Arten in einer festen Gattung gewonnen, und es werden hinreichende Kriterien dafür abgeleitet, wann *alle* Gruppen einer Gattung eine Art bilden.

Kapitel I, § 6 stellt das Bindeglied zwischen den gruppentheoretischen Problemen von Kapitel I und den körpertheoretischen Problemen von Kapitel II dar, in denen *abelsche* und *zyklische* Körper eine besondere Rolle spielen. In Kapitel I, § 6 wird eine systematische Theorie der ($\psi - J$)-Isomorphie der Gruppenerweiterungen mit abelschem Normalteiler A entwickelt.

Es sei G bzw. G' eine Erweiterung von A (A abelsch) durch Γ, definiert durch das Erweiterungssystem ($\Box$, $h \in H^2_\Box(\Gamma, A)$) bzw. ($\Box'$, $h' \in H^2_{\Box'}(\Gamma, A)$), wobei $\Box$ bzw. $\Box'$ ein der Erweiterung G bzw. G' zugeordneter Homomorphismus von Γ in die Automorphismengruppe Aut$A$ von A und h bzw. h' eine Klasse aus der der Erweiterung G bzw. G' invariant zugeordneten 2-ten Kohomologiegruppe bezüglich $\Box$ bzw. $\Box'$ bedeuten. Das homomorphe Bild von Γ in Aut$A$ sei mit $\mathfrak{A}(G, A)$ bezeichnet. Ist $\psi \in$ Aut$A$ und $J: \bar{G} = G/A \to G'/A = \bar{G}'$ ein Isomorphismus von $\bar{G}$ auf $\bar{G}'$, so heißen die Automorphismengruppen $\mathfrak{A}(G, A)$ und $\mathfrak{A}'(G', A)$ genau dann (ψ-J)-isomorph, wenn $a^{\bar{g}} = a^{J\bar{g}}$ für alle $a \in A$ und alle $\bar{g} \in \bar{G}$ gilt ($a^g = gag^{-1}$).

Die Theorie der (ψ-J)-Isomorphie der Erweiterungen mit abelschem Normalteiler A besteht in der Untersuchung der Beziehungen der Automorphismengruppen $\mathfrak{A}(G, A)$ und $\mathfrak{A}'(G', A)$, die sich ergeben, wenn verschiedene Automorphismen- bzw. Isomorphismenpaare ψ_1, ψ_2 bzw. J_1, J_2 zugrunde gelegt werden (Kapitel I, § 6, Satz 6.1 bis Satz 6.4). Die Sätze 6.1–6.4 zeigen die Sonderstellung eines zyklischen Normalteilers A, die noch ausgeprägter in dem fundamentalen Satz 6.5 von Kapitel I, § 6 ist, der eine Antwort auf die folgende Problemstellung gibt:

Gegeben sei ein Isomorphismus I_1 von G auf G', der in A einen Automorphismus ψ_1 induziert. ψ_2 bzw. J_2 sei ein Automorphismus von A bzw. ein Isomorphismus von $\bar{G}$ auf $\bar{G}'$ derart, daß $\mathfrak{A}(G, A)$ und $\mathfrak{A}'(G', A)$ (ψ_2-J_2)-isomorph sind. Existiert dann stets ein ausgezeichneter Isomorphismus $I^*: G \to G'$ derart, daß der induzierte Isomorphismus $J^*: \bar{G} \to \bar{G}'$ bei der Kopplung mit J_2 zu einem Automorphismus $\bar{\alpha} = J^{*-1}J_2$ von $\bar{G}$ führt, der $\bar{Z} = Z(A:G)/A$ ($Z(A:G)$ = Zentralisator von A in G) auf sich abbildet und in $\bar{G}/\bar{Z}$ den identischen Automorphismus induziert?

Den Untersuchungen von Kapitel II liegt folgende körpertheoretische Problemstellung zugrunde:

Es sei $\mathfrak{L}$ ein galoisscher Körper über $\mathfrak{K}$ mit der Galois-Gruppe $\Gamma = G(\mathfrak{L}:\mathfrak{K})$. $\mathfrak{N}_1$ und $\mathfrak{N}_2$ seien $\mathfrak{L}$ enthaltende galoissche Körper über $\mathfrak{K}$ mit den Galois-Gruppen $G_i = G(\mathfrak{N}_i:\mathfrak{K})$ bzw. $C_i = G(\mathfrak{N}_i:\mathfrak{L})$ ($i = 1, 2$). G_i ist dann eine Gruppenerweiterung von C_i durch Γ. Hauptsatz 2 der Galois-Theorie definiert je einen kanonischen Isomorphismus K_i von G_i/C_i auf Γ ($i = 1, 2$), und es definiert $K_{12} = K_2^{-1}K_1$ einen kanonischen Isomorphismus von G_1/C_1 auf G_2/C_2. $\mathfrak{N}_1$ und $\mathfrak{N}_2$ sollen genau dann zur gleichen »*Galois-Gattung*« über $\mathfrak{L}, \mathfrak{K}$ gehören, wenn ein Isomorphismus I_{12} von G_1 auf G_2 existiert, der C_1 in C_2 überführt und infolgedessen einen Isomorphismus J_{12} von G_1/C_1 auf G_2/C_2 induziert. Läßt sich der Isomorphismus I_{12} speziell so wählen, daß $J_{12} = K_{12}$ wird, so sollen $\mathfrak{N}_1$ und $\mathfrak{N}_2$ zur gleichen »*Galois-Art*« über $\mathfrak{L}, \mathfrak{K}$ gehören. Diese Definitionen bestimmen Äquivalenzrelationen in der Menge M aller dieser Körper $\mathfrak{N}$, und offenbar zerfällt jede Galois-Gattung in eine oder mehrere Galois-Arten. Das Problem besteht in der Charakterisierung der Galois-Gattungen und im besonderen der Galois-Arten durch Bestimmungsstücke des Grundkörpers $\mathfrak{L}$ und durch die Invarianten der Gruppenerweiterungen G_i ($i = 1, 2$).

In einem allereinfachsten Spezialfall wird diese Problemstellung bei W. KRULL [7], § 31, formuliert und gelöst. In der vorliegenden Arbeit zeigt es sich, daß es äußerst schwierig ist, das Problem in voller Allgemeinheit anzufassen; es werden deshalb in Kapitel II weitere Spezialfälle behandelt, die über die Untersuchungen von W. KRULL wesentlich hinausgehen, aber noch befriedigende Lösungen gestatten.

Der allgemeine (m — n)-bizyklische Fall, d. h. $G(\mathfrak{L}:\mathfrak{K})$ bzw. $G(\mathfrak{N}:\mathfrak{L})$ zyklisch von der Ordnung m bzw. n, ist in Kapitel II, § 4 vollständig gelöst. Die Gleichheit der in Kapitel II, § 2 hergeleiteten Kummerschen Charaktere $\chi_{\mathfrak{N}_1, \mathfrak{L}, \mathfrak{K}} = \chi_{\mathfrak{N}_2, \mathfrak{L}, \mathfrak{K}}$ der Körpertripel $\mathfrak{N}_1, \mathfrak{L}, \mathfrak{K}$ bzw. $\mathfrak{N}_2, \mathfrak{L}, \mathfrak{K}$ erweist sich als die notwendige und hinreichende Bedingung dafür, daß die von vornherein derselben Gattung entnommenen Körper zur gleichen Art gehören. In Kapitel II, § 5 werden abschließend die Fälle behandelt: $G(\mathfrak{N}:\mathfrak{L})$ zyklisch, $G(\mathfrak{L}:\mathfrak{K})$ abelsch, nicht zyklisch und der allgemeinste abelsche Fall $G(\mathfrak{N}:\mathfrak{L})$, $G(\mathfrak{L}:\mathfrak{K})$ beide abelsch, nicht zyklisch.

Kapitel I

Invariantentheorie der Gruppenerweiterungen

§ 1 Verallgemeinerte Äquivalenz von Gruppenerweiterungen

C, Γ seien zwei (multiplikative) Gruppen.

Def. 1.1: (G, λ) heißt eine Gruppenerweiterung von C durch Γ genau dann, wenn G eine Gruppe und $\lambda: G \to \Gamma$ ein Homomorphismus von G auf Γ mit zu C isomorphem Kern C' ist $(C' \cong C)$[1].

Jeder Erweiterung (G, λ) entspricht demnach eine exakte Sequenz:

$$(G, \lambda): \; 1 \longrightarrow C \xrightarrow{\varkappa} G \xrightarrow{\lambda} \Gamma \longrightarrow 1. \tag{1.1}$$

In (1.1) bedeutet 1 die multiplikative Einheitsgruppe und $1 \to C$ bzw. $\Gamma \to 1$ die homomorphe Abbildung von 1 auf das Einselement $e_C \in C$ bzw. von der ganzen Gruppe Γ auf 1.
Identifiziert man $\varkappa(C)$ mit C, so bedeutet die Exaktheit von (1.1), daß C normal in G und $G/C \cong \Gamma$. Der Isomorphismus $\iota: G/C \to \Gamma$ ist durch die Projektion $\lambda: G \to \Gamma$ und den kanonischen Homomorphismus $\varphi: G \to G/C$ von G auf G/C bestimmt: $\lambda = \iota \circ \varphi$.

Def. 1.2: Die Erweiterung (G, λ) *zerfällt* genau dann, wenn ein Homomorphismus $\nu: \Gamma \to G$ existiert derart, daß $\lambda \circ \nu = \varepsilon_\Gamma$ ($\varepsilon_\Gamma =$ identischer Autom. von Γ).

(G, λ) bzw. (G', λ') sei eine Erweiterung von C durch Γ bzw. von C' durch Γ'. Ein Homomorphismus

$$\eta: (G, \lambda) \to (G', \lambda')$$

von zwei Gruppenerweiterungen (G, λ) und (G', λ') ist ein Tripel $\eta := (\alpha, \beta, \gamma)$ von Homomorphismen

$$\alpha: C \to C'; \quad \beta: G \to G'; \quad \gamma: \Gamma \to \Gamma'$$

derart, daß folgendes Diagramm kommutativ ist:

$$\begin{array}{ccccccccc} (G, \lambda): & 1 \longrightarrow & C & \xrightarrow{\varkappa} & G & \xrightarrow{\lambda} & \Gamma & \longrightarrow 1 \\ & & \downarrow{\scriptstyle\alpha} & & \downarrow{\scriptstyle\beta} & & \downarrow{\scriptstyle\gamma} & \\ (G', \lambda'): & 1 \longrightarrow & C' & \xrightarrow{\varkappa'} & G' & \xrightarrow{\lambda'} & \Gamma' & \longrightarrow 1. \end{array} \tag{1.2}$$

[1] Vgl. Schreier, O., [9].

Sind $\eta_1 : (G_1, \lambda_1) \to (G_2, \lambda_2)$ und $\eta_2 : (G_2, \lambda_2) \to (G_3, \lambda_3)$ Homomorphismen von Gruppenerweiterungen, so ist

$$\eta_2 \times \eta_1 : (G_1, \lambda_1) \to (G_3, \lambda_3)$$

definiert durch:

(1.3) $\quad \eta_2 \times \eta_1 := (\alpha_2, \beta_2, \gamma_2) \times (\alpha_1, \beta_1, \gamma_1) := (\alpha_2 \circ \alpha_1, \beta_2 \circ \beta_1, \gamma_2 \circ \gamma_1).$

$\mathfrak{E}(C, \Gamma)$ bezeichne die Menge aller Erweiterungen (G, λ) der Gruppe C durch die Gruppe Γ.

Def. 1.3: Die Gruppenerweiterungen (G, λ) und (G', λ') aus $\mathfrak{E}(C, \Gamma)$ heißen »*äquivalent im strengen Sinne*«: $(G, \lambda) \underset{s}{\wedge} (G', \lambda')$ genau dann, wenn ein Homomorphismus $\eta : (G, \lambda) \to (G', \lambda')$ mit $\eta := (\varepsilon_C, \beta, \varepsilon_\Gamma)$ existiert, wobei ε_C bzw. ε_Γ der identische Automorphismus von C bzw. Γ ist; d. h., wenn folgendes Diagramm kommutativ ist:

(1.4)
$$\begin{array}{ccccccc} & & & G & & & \\ & & \nearrow^{\varkappa} & & \searrow^{\lambda} & & \\ 1 \longrightarrow & C & & \downarrow{\scriptstyle\beta} & & \Gamma & \longrightarrow 1. \\ & & \searrow_{\varkappa'} & & \nearrow_{\lambda'} & & \\ & & & G' & & & \end{array}$$

Die in der Einleitung erörterte körpertheoretische Problemstellung (vgl. S. 9) legt es nahe, den Begriff der Gruppenäquivalenz in folgender Form zu verallgemeinern:

Def. 1.4: Die Gruppenerweiterungen (G, λ) und (G', λ') aus $\mathfrak{E}(C, \Gamma)$ heißen »*äquivalent im weiteren Sinne*«: $(G, \lambda) \underset{w}{\wedge} (G', \lambda')$ genau dann, wenn ein Homomorphismus $\eta' : (G, \lambda) \to (G', \lambda')$ mit $\eta' := (\psi, \beta', \varepsilon_\Gamma)$ existiert, wobei ψ bzw. ε_Γ ein Automorphismus von C bzw. der identische Automorphismus von Γ ist; d. h., wenn folgendes Diagramm kommutativ ist:

(1.5)
$$\begin{array}{ccccccc} 1 \longrightarrow & C & \xrightarrow{\varkappa} & G & & & \\ & & & & \searrow^{\lambda} & & \\ & \downarrow{\scriptstyle\psi} & & \downarrow{\scriptstyle\beta'} & & \Gamma & \longrightarrow 1. \\ & & & & \nearrow_{\lambda'} & & \\ 1 \longrightarrow & C & \xrightarrow{\varkappa'} & G' & & & \end{array}$$

Def. 1.5: Die Gruppenerweiterungen (G, λ) und (G', λ') aus $\mathfrak{E}(C, \Gamma)$ heißen »*äquivalent im weitesten Sinne*«: $(G, \lambda) \underset{ws}{\wedge} (G', \lambda')$ genau dann, wenn ein Homomorphismus $\bar{\eta} : (G, \lambda) \to (G', \lambda')$ existiert mit $\bar{\eta} = (\psi, \bar{\beta}, \varphi)$, wobei ψ bzw. φ ein Automorphismus von C bzw. Γ ist; d. h., wenn folgendes Diagramm kommutativ ist:

(1.6)
$$\begin{array}{ccccccccc} 1 & \longrightarrow & C & \xrightarrow{\varkappa} & G & \xrightarrow{\lambda} & \Gamma & \longrightarrow & 1 \\ & & \downarrow{\scriptstyle\psi} & & \downarrow{\scriptstyle\bar{\beta}} & & \downarrow{\scriptstyle\varphi} & & \\ 1 & \longrightarrow & C & \xrightarrow{\varkappa'} & G' & \xrightarrow{\lambda'} & \Gamma & \longrightarrow & 1. \end{array}$$

Aus der Homologietheorie hinreichend bekannt ist das folgende Lemma:

Lemma 1.1: Sind in dem Diagramm (1.2) *beide Zeilen exakt, dann folgt:*

1) *Ist α und γ ein Isomorphismus, so ist β ein Isomorphismus.*
2) *Ist α und γ ein Monomorphismus, so ist β ein Monomorphismus.*
3) *Ist α und γ ein Epimorphismus, so ist β ein Epimorphismus.*
4) *Ist γ ein Monomorphismus, dann gilt:* Kern $\beta = \varkappa$ (Kern α).
5) *Ist α ein Epimorphismus, dann gilt:* Bd $\beta = \lambda'^{-1}$ (Bd γ).

Aus Lemma 1.1 folgt, daß die in (1.4), (1.5), (1.6) auftretenden Abbildungen $\beta, \beta', \bar{\beta}$ notwendig Isomorphismen sind.

Durch die Äquivalenzrelation $\underset{ws}{\wedge}$ bzw. $\underset{w}{\wedge}$ bzw. $\underset{s}{\wedge}$ werden in $\mathfrak{E}(C, \Gamma)$ disjunkte Klassen bestimmt, welche »*Gattungen*« Gt (C, Γ) bzw. »*Arten*« At (C, Γ) bzw. »*Strukturen*« St (C, Γ) heißen sollen.

§ 2 Kohomologiegruppen

A sei eine multiplikative, abelsche Gruppe mit den Elementen $a, b, c, \ldots$; Γ sei eine Operatorgruppe von A mit den Elementen $x, y, z, \ldots$, d. h., es ist eine Operation $\square$ von Γ auf A definiert derart, daß $x \square a \in A$ und folgende Bedingungen erfüllt sind:

(2.1)
1) $x \square (ab) = x \square a \cdot x \square b$
2) $(xy) \square a = x \square (y \square a)$
3) $e_\Gamma \square a = a$ (e_Γ Einheitselement von Γ).

Die Abbildung:

(2.2) $$m : \langle x_1, \ldots, x_n \rangle \to m(x_1, \ldots, x_n) \in A \qquad (x_i \in \Gamma)$$

heißt n-dimensionale Kokette. Nach Definition der Multiplikation:

(2.3) $$(m_1 \times m_2)(x_1, \ldots, x_n) := m_1(x_1, \ldots, x_n) \cdot m_2(x_1, \ldots, x_n)$$

bilden die n-dimensionalen Koketten eine abelsche Gruppe $C^n(\Gamma, A)$, die n-dimensionale Kokettengruppe. Im besonderen sei $C^0(\Gamma, A) = A$ gesetzt.
Jeder n-dim. Kokette $m (n \geqq 0)$ sei eine $(n+1)$-dim. Kokette, der n-Korand von m bezüglich $\Box$, zugeordnet durch die Festsetzung:

$$
\begin{aligned}
(\delta^n_\Box m)(x_1, \ldots, x_{n+1}) &= m(x_2, \ldots, x_{n+1}) \cdot \\
&\cdot \prod_{k=1}^{n} m(x_1, \ldots, x_{k-1}, x_k x_{k+1}, x_{k+2}, \ldots, x_{n+1})^{(-1)^k} \cdot \qquad (2.4)\\
&\cdot [x_{n+1} \Box\, m(x_1, \ldots, x_n)]^{(-1)^{n+1}}
\end{aligned}
$$

Da

$$\delta^n_\Box(m_1 \times m_2) = \delta^n_\Box m_1 \cdot \delta^n_\Box m_2, \qquad (2.5)$$

ist die Abbildung:

$$\pi : m \to \delta^n_\Box m \qquad (2.6)$$

ein Homomorphismus von $C^n(\Gamma, A)$ in $C^{n+1}(\Gamma, A)$. Es gilt weiter:

$$\delta^{n+1}_\Box(\delta^n_\Box m) = 1. \qquad (2.7)$$

Die n-dim. Koketten $m \in C^n(\Gamma, A)$, für die $\delta^n_\Box m = 1$, heißen n-dim. Kozyklen und bilden den Kern $Z^n_\Box(\Gamma, A)$ der Abbildung π. Die Bildmenge von π werde mit $R^{n+1}_\Box(\Gamma, A)$ bezeichnet.
Die n-dim. Koketten m $(n > 0)$ aus $C^n(\Gamma, A)$, die Koränder von $(n - 1)$-dim. Koketten aus $C^{n-1}(\Gamma, A)$ sind, bilden wegen (2.5) eine Untergruppe $R^n_\Box(\Gamma, A) \subset C^n(\Gamma, A)$. Wegen (2.7) ist jeder solche n-dim. Korand ein n-dim. Kozyklus, so daß gilt:

$$R^n_\Box(\Gamma, A) \subseteq Z^n_\Box(\Gamma, A). \qquad (2.8)$$

Für $n = 0$ setze man definitorisch $R^0_\Box(\Gamma, A) = 1$.

Die Faktorgruppe

$$H^n_\Box(\Gamma, A) = Z^n_\Box(\Gamma, A)/R^n_\Box(\Gamma, A) \qquad (2.9)$$

heißt die n-te Kohomologiegruppe von Γ über A.

Die 2-te Kohomologiegruppe $H^2_\Box(\Gamma, A)$ ist grundlegend für die Kennzeichnung der Strukturen, Arten und Gattungen der Gruppenerweiterungen der abelschen Gruppe A durch die Gruppe Γ.

Für $n = 2$ ergibt sich:

$$(2.10) \qquad (\delta^2_\square m)(x_1, x_2, x_3) = m(x_2, x_3) \cdot m(x_1 x_2, x_3)^{-1} \cdot m(x_1, x_2 x_3) \cdot [x_3 \square m(x_1, x_2)]^{-1}.$$

Es ist also $m \in Z^2_\square(\Gamma, A)$ genau dann, wenn

$$(2.11) \qquad m(x_1, x_2 x_3) \cdot m(x_2, x_3) = m(x_1 x_2, x_3) \cdot x_3 \square m(x_1, x_2).$$

Andererseits gilt $m(x_1, x_2) \in R^2_\square(\Gamma, A)$ genau dann, wenn eine 1-dim. Kokette $n(x_1)$ aus $C^1(\Gamma, A)$ existiert derart, daß

$$(2.12) \qquad m(x_1, x_2) = n(x_2) \cdot n(x_1 x_2)^{-1} \cdot x_2 \square n(x_1)$$

gilt.

§ 3 Kennzeichnung der Gruppenerweiterungen

G, C, Γ seien multiplikative Gruppen; A bezeichne stets eine abelsche Gruppe. Aut$G$ bzw. InG sei die Automorphismengruppe bzw. die Untergruppe der inneren Automorphismen von G. $C(G)$ bezeichne das Zentrum von G. $\langle g \rangle$ bedeute den inneren Automorphismus von G, der durch Transformation von G mit $g \in G$ erzeugt wird.

Die Abbildung:

$$(3.1) \qquad \langle\ \rangle : C \to \mathrm{Aut}C$$

ist ein Homomorphismus von C in Aut$C$. Das Bild der Abbildung ist die Gruppe InC, und es ist InC normal in Aut$C$, denn es gilt für $\sigma \in \mathrm{Aut}C$, $a, b \in C$:

$$\sigma(\langle a \rangle c) = \sigma(a c a^{-1}) = (\sigma a)(\sigma c)(\sigma a)^{-1} = \langle \sigma a \rangle (\sigma c)$$

also:

$$(3.2) \qquad \sigma \langle a \rangle \sigma^{-1} = \langle \sigma a \rangle.$$

Die Faktorgruppe $\mathfrak{C} := \mathrm{Aut}C/\mathrm{In}C$ heißt die *Gruppe der Automorphismenklassen* von C. – Es folgt die Exaktheit der Sequenz:

$$(3.3) \qquad 1 \longrightarrow C(C) \longrightarrow C \xrightarrow{\langle\ \rangle} \mathrm{Aut}C \longrightarrow \mathfrak{C} \longrightarrow 1.$$

Jede Gruppenerweiterung (G, λ)

$$(G, \lambda) : \ 1 \longrightarrow C \xrightarrow{\varkappa} G \xrightarrow{\lambda} \Gamma \longrightarrow 1$$

bestimmt auf Grund der Transformation in G einen Homomorphismus $\triangle : G \to \mathrm{Aut}C$:

$$(3.4) \qquad \varkappa\,[(\triangle\, g)\, c] = g(\varkappa c)\, g^{-1}; \quad g \in G, c \in C.$$

Weil $\triangle(\varkappa C) \subset \mathrm{In}C$ bestimmt (G, λ) einen Homomorphismus $\chi : \Gamma \to \mathfrak{C}$, den die Erweiterung (G, λ) *begleitenden* Homomorphismus. Für alle $g \in G$ liegt der Automorphismus $c \to gcg^{-1}$ in der Automorphismenklasse $\chi(\lambda g)$ von $\mathfrak{C}$.
Ist $C: = A$ abelsch, so gilt $\triangle(A) = 1$ und $\triangle$ bestimmt einen Homomorphismus $\square : \Gamma \to \mathrm{Aut}A$ derart, daß $\square \circ \lambda = \triangle$. Es gilt:

$$(3.5) \qquad \varkappa\,[(\lambda g)\, \square\, a] = g(\varkappa a)\, g^{-1}; \quad g \in G, a \in A.$$

Γ wirkt auf A als Operatorgruppe und $\square : \Gamma \to \mathrm{Aut}A$ ist der die Erweiterung (G, λ) begleitende Homomorphismus.
Ist $\eta = (\alpha, \beta, \gamma) : (G, \lambda) \to (G', \lambda')$ ein Homomorphismus der Gruppenerweiterung (G, λ) von C durch Γ auf die Gruppenerweiterung (G', λ') von C' durch Γ' (Kommutativität des Diagramms (1.2) von § 1) und ist χ bzw. χ' der (G, λ) bzw. (G', λ') begleitende Homomorphismus, so gilt:

$$(3.6) \qquad \alpha\,[\chi(x)\, c] = [\chi'(\gamma(x))]\,(\alpha c); \quad c \in C, x \in \Gamma.$$

Sind $C: = A$ und $C': = A'$ abelsch, so gilt entsprechend:

$$(3.7) \qquad \alpha\,[x\, \square\, a] = \gamma(x)\, \square'\, (\alpha a); \quad a \in A, x \in \Gamma.$$

Def. 3.1: Ein Gruppenpaar C, Γ und ein Homomorphismus $\chi : \Gamma \to \mathfrak{C}$ von Γ in $\mathfrak{C}$ heiße ein *abstrakter Erweiterungskern* (C, Γ, χ).

Jede Erweiterung (G, λ) läßt sich nach Identifizierung von $\varkappa C$ mit C und nach Wahl eines Repräsentantensystems $r(x)$ für alle $x \in \Gamma$ $(\lambda \cdot r(x) = x \in \Gamma)$ mit $r(e_\Gamma) = e_C$ kennzeichnen durch ein *Automorphismensystem* $\nabla(x) \in \chi(x) \in \mathfrak{C}$, definiert durch:

$$(3.8) \qquad r(x)\, c\, r(x)^{-1} = \nabla(x)\, c; \quad c \in C, x \in \Gamma$$

und durch ein *Faktorensystem*, d. h. durch Abbildungen $m : \Gamma \times \Gamma \to C$, definiert durch:

$$(3.9) \qquad r(x)\, r(y)\, r(xy)^{-1} = m(x,y); \quad x,y \in \Gamma^2.$$

Für $\nabla : \Gamma \to \mathrm{Aut}C$ und $m : \Gamma \times \Gamma \to C$ gelten die Relationen:

$$(3.10) \qquad \nabla(x)\, \nabla(y)\, \nabla(xy)^{-1} = \langle m(x,y) \rangle$$

$$(3.11) \qquad [\nabla(x)\, m(y, z)]\, m(x, yz) = m(x,y)\, m(xy, z)$$

[2] Ein die Erweiterung (G, λ) bestimmendes System von Automorphismen $\nabla(x)$ und Faktoren $m(x,y)$ heiße ein Erweiterungssystem und werde mit $(\nabla(x), m(x,y))$ bezeichnet.

und die Normierungsrelationen:

$$\nabla(e_\Gamma) = 1 \tag{3.12}$$

$$m(x, e_\Gamma) = m(e_\Gamma, y) = e_C. \tag{3.13}$$

Sind umgekehrt Funktionen ∇ und m mit $\nabla(x) \in \mathrm{Aut}C$ und $m(x,y) \in C$ gegeben, die den Relationen (3.10)–(3.13) genügen, so existiert stets eine Gruppenerweiterung $(G, \lambda) := G[C, \Gamma, \nabla, m]$ von C durch Γ, definiert durch die Paarmenge (c, x) $(c \in C,\ x \in \Gamma)$ mit der Multiplikationsregel:

$$(c, x)(c_1, x_1) = (c[\nabla(x)\, c_1]\, m(x, x_1),\ x x_1) \tag{3.14}$$

und den Homomorphorismen $\varkappa: C \to G[C, \Gamma, \nabla, m]$ und $\lambda: G[C, \Gamma, \nabla, m] \to \Gamma$, die durch $\varkappa c = (c, 1)$ und $\lambda(c, x) = x$ erklärt sind.

Wir erhalten das Resultat:

Satz 3.1: (SCHREIER) *Jede Erweiterung* (G, λ) *aus* $\mathfrak{E}(C, \Gamma)$ *bestimmt zwei Funktionen* $\nabla: \Gamma \to \mathrm{Aut}C$ *und* $m: \Gamma \times \Gamma \to C$, *die den Relationen* (3.10) *bis* (3.13) *genügen. Sind umgekehrt die Gruppen* C, Γ *gegeben und Funktionen* ∇, m, *die die Relationen* (3.10–(3.13) *erfüllen, so existiert eine Erweiterung* (G, λ) *von* C *durch* Γ *zum abstrakten Erweiterungskern* (C, Γ, χ).

Ist $C := A$ abelsch, so ist m eine normalisierte Kokette aus $C^2(\Gamma, A)$ und wegen (3.11) ist $\delta^2_\square m(x, y, z) = 1$, d. h.: $m \in Z^2_\square(\Gamma, A)$.
Zu jedem Erweiterungskern $(A, \Gamma, \square)$ existiert mindestens eine Erweiterung, nämlich das »semidirekte Produkt« $A \times_\square \Gamma$, das zerfallend ist und definiert wird durch die Paarmenge (a, x) $a \in A$, $x \in \Gamma$ mit der folgenden Multiplikationsregel:

$$(a, x)(a_1, x_1) = (a[x \square a_1],\ x x_1) \qquad a, a_1 \in A,\ x, x_1 \in \Gamma. \tag{3.15}$$

Im allgemeinen existiert jedoch zu einem Erweiterungskern (C, Γ, χ) nicht immer eine Erweiterung (G, λ) [3].
Es sei $\chi: \Gamma \to C$ ein Homomorphismus von Γ in C. In jeder Automorphismenklasse $\chi(x)$ $(x \in \Gamma)$ sei ein Automorphismus $\varphi(x)$ ausgewählt. Dann gilt:

$$\varphi(x)\,\varphi(y)\,\varphi(xy)^{-1} = \langle h(x,y)\rangle; \quad h(x,y) \in C. \tag{3.16}$$

Wegen des Assoziativgesetzes der Multiplikation der Automorphismen und der Relation (3.2) ergibt sich weiter:

$$\langle[\varphi(x)\, h(y, z)]\, h(x, yz)\rangle = \langle h(x,y)\, h(xy, z)\rangle. \tag{3.17}$$

Es existiert also ein Element $c(x, y, z)$ aus dem Zentrum $C(C)$ von C derart, daß:

$$h(x,y)\, h(xy, z)\, c(x, y, z) = (\varphi(x)\, h(y, z))\, h(x, yz). \tag{3.18}$$

[3] Vgl. BAER, R., [1].

Wir erhalten eine 3-dim. Kokette $c(x,y,z) \in C^3(\Gamma, C(C))$ von Γ in die abelsche Gruppe $C(C)$. Die Restklasse von $R^3(\Gamma, C(C))$ in $C^3(\Gamma, C(C))$ in der $c(x,y,z)$ liegt, ist invariant gegenüber der Wahl der Automorphismen $\varphi(x) \in \chi(x)$ $(x \in \Gamma)$ und der Wahl der Elemente $h(x,y) \in C$ und ist allein durch die Automorphismenklasse $\chi(x)$ bestimmt. Außerdem kann jedes Element $c'(x,y,z)$ von $R^3(\Gamma, C(C))$ durch bestimmte Wahl der Automorphismen $\varphi(x)$ und der Elemente $h(x,y)$ erhalten werden.

Satz 3.2 : *Zu jedem abstrakten Erweiterungskern* (C, Γ, χ) *existiert eine Erweiterung* (G, λ) *genau dann, wenn die Restklasse von* $R^3(\Gamma, C(C))$ *in* $C^3(\Gamma, C(C))$, *in der die durch* (3.18) *definierte Kokette liegt,* $R^3(\Gamma, C(C))$ *selbst ist.*

Beweis :

a) Es existiere eine Erweiterung (G, λ) zum Erweiterungskern (C, Γ, χ). Die Erweiterung sei definiert durch ein Automorphismensystem $\nabla(x)$ und ein Faktorensystem $m(x,y)$, die die Bedingungen (3.10) und (3.11) erfüllen. Wir wählen für die Automorphismen $\varphi(x)$ die Automorphismen $\nabla(x)$ und für die Elemente $h(x,y)$ die Faktoren $m(x,y)$. Bedingung (3.10) zeigt, daß (3.16) gilt, und aus (3.11) folgt, daß in (3.18) $c(x,y,z) = 1$ für alle x, y, z.

b) Es existiere ein Homomorphismus $\chi : \Gamma \to C$ derart, daß die Kokette $c(x,y,z)$, erhalten durch bestimmte Wahl der Automorphismen $\varphi(x)$ und der Elemente $h(x,y)$, zu $R^3(\Gamma, C(C))$ gehört. Durch Wechsel der Elemente $h(x,y)$ kann jedes Element $c'(x,y,z)$ aus $R^3(\Gamma, C(C))$ als $c(x,y,z)$ erhalten werden, im besonderen also die Kokette $c(x,y,z) = 1$ für alle $x, y, z \in \Gamma$. In diesem Falle geht (3.16) in (3.10) und (3.18) in (3.11) über; es existiert also eine Erweiterung (G, λ) zum abstrakten Erweiterungskern (C, Γ, χ).

§ 4 Kennzeichnung der Strukturen

Aus (3.6) bzw. (3.7) folgt, daß für die begleitenden Homomorphismen der Gruppenerweiterungen $(G^{(i)}, \lambda^{(i)}) \in \mathfrak{E}(C, \Gamma)$ $(i = 1, 2)$ bzw. $(\bar{G}^{(i)}, \bar{\lambda}^{(i)}) \in \mathfrak{E}(\bar{A}, \bar{\Gamma})$ $(i = 1, 2)$, die der gleichen Struktur $\mathrm{St}(C, \Gamma)$ bzw. $\mathrm{St}(\bar{A}, \bar{\Gamma})$ angehören, die Relation $\chi^{(1)} = \chi^{(2)}$ bzw. $\square^{(1)} = \square^{(2)}$ gilt.
Unmittelbar aus den Ergebnissen des § 3 leitet man das folgende Kriterium für die strenge Äquivalenz zweier Gruppenerweiterungen (G, λ) und (G', λ') aus $\mathfrak{E}(C, \Gamma)$ her.

Satz 4.1 : (G, λ) *bzw.* (G', λ') *sei eine Erweiterung, bestimmt durch* $(\nabla(x), m(x,y))$ *bzw.* $(\nabla'(x), m'(x,y))$. *Es ist* $(G, \lambda) \underset{s}{\wedge} (G', \lambda')$ *genau dann, wenn*

1) $\nabla'(x) = \langle g(x) \rangle \nabla(x)$
2) $m'(x,y) = g(x)\,[\nabla(x)\, g(y)]\, m(x,y)\, g(xy)^{-1}$,

wobei $g : \Gamma \to C$ *eine Funktion von* Γ *in* C *bedeutet mit der Eigenschaft* $g(e_\Gamma) = e_C$.

Satz 4.2: *Es seien die Automorphismen $\nabla(x) \in \chi(x)$ mit $\nabla(e_\Gamma) = 1$ gegeben. Dann ist jede Erweiterung des abstrakten Erweiterungskerns (C, Γ, χ) streng äquivalent zu einer Erweiterung $G[C, \Gamma, \nabla, m]$ mit der gegebenen Funktion ∇ und einem Faktorensystem $m(x, y)$.*

Beweis:

Man wähle ein Repräsentantensystem $r(x)$ für (G, λ) derart, daß $c \to r(x)\, c\, r(x)^{-1}$ $(c \in C,\ x \in \Gamma)$ gleich dem Automorphismus $\nabla(x) \in \chi(x)$ ist. Jedes Element von (G, λ) läßt sich eindeutig darstellen in der Form $c\, r(x)$ und wegen (3.8), (3.9), (3.14) ergibt die Abbildung $c\, r(x) \to (c, x)$ die strenge Äquivalenz von (G, λ) und $G[C, \Gamma, \nabla, m]$.

Satz 4.3: *Jeder Erweiterung $(G, \lambda) \in \mathfrak{E}(A, \Gamma)$ mit $\square : \Gamma \to \mathrm{Aut} A$ ist die Kohomologieklasse eines ihrer Faktorensysteme zugeordnet. Es existiert eine umkehrbar eindeutige Abbildung μ zwischen der Menge $\Phi[\mathrm{St}(A, \Gamma)]$ aller Strukturen $\mathrm{St}(A, \Gamma)$ und der 2-ten Kohomologiegruppe $H^2_\square(\Gamma, A)$:*

(4.1) $$\mu : \Phi[\mathrm{St}(A, \Gamma)] \to H^2_\square(\Gamma, A).$$

Beweis:

Es ist $m'(x, y) = (\delta^1_\square g)(x, y) \cdot m(x, y)$, und die Kohomologieklasse von $m(x, y)$ ist modulo den Koketten $(\delta^1_\square g)(x, y)$ von 1-dim. Koketten $g(x)$ eindeutig bestimmt. Da die Erweiterungen einer Struktur $\mathrm{St}(A, \Gamma)$ gleiche Faktorensysteme besitzen, ist die Abbildung μ eindeutig bestimmt.
Angenommen (G, λ) und (G', λ') besitzen gleiche kohomologe Faktorensysteme. Ein Wechsel des Repräsentantensystems – etwa von (G', λ') – bewirkt, daß die Faktorensysteme gleich sind. Es ist also $(G, \lambda) \underset{s}{\wedge} (G', \lambda')$ und μ injektiv. Satz 3.1 jedoch zeigt, daß zu jedem 2-dim. Kozyklus $m(x, y)$ eine Erweiterung (G, λ) existiert, d. h., μ ist surjektiv.
Jede Erweiterung (G, λ) einer abelschen Gruppe A durch Γ ist also bis auf strenge Äquivalenz eindeutig bestimmt durch das Invariantenpaar $(\square, h \in H^2_\square(\Gamma, A))$.

Jeder Automorphismus $\nabla(x)$ von C führt das Zentrum $C(C)$ von C in sich über. Der Automorphismus $z \to \nabla(x)\, z$ $(z \in C(C))$ ist unabhängig von der Wahl von $\nabla(x)$ in der Klasse $\chi(x)$, d. h., Γ wirkt auf $C(C)$ als Operatorgruppe, und für $\nabla(x)\, z$ schreiben wir $x \square z$.

Satz 4.4: *Die Gruppe $H^2_\square(\Gamma, C(C))$ operiert als Transformationsgruppe auf der Menge aller Gruppenerweiterungen zum abstrakten Erweiterungskern (C, Γ, χ), und diese Operation ist transitiv.*
Das heißt: Die Strukturen $\mathrm{St}(C, \Gamma)$ der Erweiterungen zum Erweiterungskern (C, Γ, χ) lassen sich umkehrbar eindeutig den Klassen der Kohomologiegruppe $H^2(\Gamma, C(C))$ zuordnen.

Beweis:

Bei festgehaltenem Automorphismus $\nabla(x) \in \chi(x)$ werde jede Erweiterung zum Erweiterungskern (C, Γ, χ) durch die Gruppenerweiterung $G[C, \Gamma, \nabla, m]$ dargestellt. Wird weiter jedes Element von $H^2_\square(\Gamma, C(C))$ durch ein Faktorensystem, d. h., durch einen Kozyklus $h(x,y)$ dargestellt, so ergibt sich die Operation in der Form:

$$G[C, \Gamma, \nabla, m] \to G'[C, \Gamma, \nabla, hm].$$

(Man beachte, daß $m'(x,y)$ die Form

$$m'(x,y) = h(x,y)\, m(x,y); \quad h(x,1) = h(1,y) = e_C$$

besitzen muß, wobei die Funktion h Werte in $C(C)$ hat und als ein 2-dim. Kozyklus aufgefaßt werden kann.)

Jede Erweiterung (G', λ') läßt sich aus (G, λ) erhalten. Man schreibe (G', λ') in der Form $G'[C, \Gamma, \nabla, m']$; dann gilt

$$\langle m(x,y)\rangle = \nabla(x)\,\nabla(y)\,\nabla(xy)^{-1} = \langle m'(x,y)\rangle.$$

Es ist also $h(x,y) := m(x,y)^{-1}\, m'(x,y) \in C(C)$ und $(\delta^2_\square h)(x,y) = 1$, d. h., $h(x,y)$ ist ein Kozyklus mit $m'(x,y) = h(x,y)\, m(x,y)$.

§ 5 Kennzeichnung der Gattungen und Arten

(G, λ) bzw. (G', λ') sei eine Erweiterung von $\mathfrak{E}(C, \Gamma)$, festgelegt durch das Erweiterungssystem $(\nabla(x), m(x,y))$ bzw. $(\nabla'(x), \mathrm{m}'(x,y))$ gemäß Satz 3.1. $\varphi \in \mathrm{Aut}\Gamma$ und $\psi \in \mathrm{Aut}C$ seien fest vorgegebene Automorphismen.

Def. 5.1: Die Erweiterung (G, λ) heißt $(\varphi - \psi)$-*äquivalent* zu der Erweiterung (G', λ') genau dann, wenn ein Isomorphismus $I: G \to G'$ existiert, derart, daß für die Beschränkung $I_{|C}$ von I auf C die Relation $I_{|C} = \psi$ gilt, und wenn folgendes Diagramm kommutativ ist:

$$\begin{array}{ccccccccc} 1 & \longrightarrow & C & \xrightarrow{\varkappa} & G & \xrightarrow{\lambda} & \Gamma & \longrightarrow & 1 \\ & & \downarrow{\scriptstyle\psi} & & \downarrow{\scriptstyle I} & & \downarrow{\scriptstyle\varphi} & & \\ 1 & \longrightarrow & C & \xrightarrow{\varkappa'} & G' & \xrightarrow{\lambda'} & \Gamma & \longrightarrow & 1 \end{array} \tag{5.1}$$

Der folgende Satz 5.1 liefert ein Kriterium dafür, wann die Erweiterungen (G, λ) und (G', λ') $(\varphi - \psi)$-äquivalent sind.

Satz 5.1: Es ist (G, λ) $(\varphi - \psi)$-äquivalent zu (G', λ') genau dann, wenn folgende Bedingungen erfüllt sind:

1) $\psi\,\nabla(x) = \langle l(\varphi x)\rangle\, \nabla'(\varphi x)\, \psi$
2) $\psi\, m(x,y) = l(\varphi x)\,[\nabla'(\varphi x)\, l(\varphi y)]\, m'(\varphi x, \varphi y)\, l(\varphi(xy))^{-1}$,

wobei $l: \Gamma \to C$ eine Funktion von Γ in C mit der Normiertheitsbedingung $l(e_\Gamma) = e_C$ bedeutet.

Beweis:

a) Es sei (G, λ) zu (G', λ') $(\varphi - \psi)$-äquivalent. Dann existiert ein Isomorphismus $I: G \to G'$ mit $I_{|C} = \psi \in \mathrm{Aut}C$ derart, daß $\lambda' \circ I = \varphi \circ \lambda$ $(\varphi \in \mathrm{Aut}\Gamma)$ gilt. $r(x)$ bzw. $r'(x)$ sei ein Repräsentantensystem von G bzw. G' bezüglich λ bzw. λ', das dem Erweiterungssystem $(\nabla(x), \mathrm{m}(x,y))$ bzw. $(\nabla'(x), \mathrm{m}'(x,y))$ zugeordnet ist. Dann gilt:

(5.2) $$I r(x) = l(\varphi x)\, r'(\varphi x)$$

und weiter:

$$\begin{aligned}[\langle l(\varphi x)\rangle\, \nabla'(\varphi x)]\,(\psi c) &= (I r(x))\,(\psi c)\,(I r(x))^{-1}\\ &= I(r(x)\, c\, r(x)^{-1})\\ &= (\psi \nabla(x))\, c; \quad (x \in \Gamma,\, c \in C),\end{aligned}$$

also Bedingung 1).

Bedingung 2) folgt aus den Relationen:

$$\begin{aligned}\psi m(x,y) &= I(r(x)\, r(y)\, r(xy)^{-1})\\ &= l(\varphi x)\, r'(\varphi x)\, l(\varphi y)\, r'(\varphi y)\, r'(\varphi(x \cdot y))^{-1}\, l(\varphi(xy))^{-1}\\ &= l(\varphi x)\,[\nabla'(\varphi x)\, l(\varphi y)]\, m'(\varphi x, \varphi y)\, l(\varphi(xy))^{-1}.\end{aligned}$$

b) Aus 1) und 2) folgt die Existenz von Repräsentantensystemen $r(x)$ und $l(\varphi x)\, r'(\varphi x)$ bezüglich λ und λ' derart, daß die bezüglich dieser Repräsentantensysteme gebildeten Faktorensysteme durch den Automorphismus ψ aufeinander abgebildet werden. Die Abbildung:

(5.3) $$I: c\, r(x) \to (\psi c)\, l(\varphi x) \cdot r'(\varphi x); \quad (c \in C,\ x \in \Gamma)$$

bildet G eineindeutig auf G' ab. Auf C stimmt I mit ψ überein und wegen

$$\begin{aligned}I\,[c r(x)\, d r(y)] &= I\,[c(\nabla(x)\, d)\, m(x,y)\, r(xy)]\\ &= (\psi c)\,[\langle l(\varphi x)\rangle\, \nabla'(\varphi x)\,(\psi d)]\, l(\varphi x)\,[\nabla'(\varphi x)\, l(\varphi y)] \cdot\\ &\quad \cdot m'(\varphi x, \varphi y)\, l(\varphi(xy))^{-1}\, l(\varphi(xy))\, r'(\varphi x\, \varphi y)\\ &= (\psi c)\, l(\varphi x)\,[\nabla'(\varphi x)\,(\psi d)]\,[\nabla'(\varphi x)\, l(\varphi y)] \cdot\\ &\quad \cdot m'(\varphi x, \varphi y)\, r'(\varphi x\, \varphi y)\\ &= I\,[c r(x)]\, I\,[d r(y)]\end{aligned}$$

folgt, daß die Abbildung I ein Isomorphismus ist. Da $\lambda' \circ I = \varphi \circ \lambda$, folgt die $(\varphi - \psi)$-Äquivalenz von (G, λ) und (G', λ').

Folgerung 1: *Die Gruppenerweiterung* (G, λ) *ist* $(\psi - \iota_\Gamma)$*-äquivalent zu* (G', λ') *genau dann, wenn die folgenden Relationen gelten:*

1) $\psi \nabla(x) = \nabla'(x)\, \psi$
2) $\psi m(x,y) = l(x)\, [\nabla'(x)\, l(y)]\, m'(x,y)\, l(xy)^{-1}$,

wobei $l: \Gamma \to C$ *eine Funktion von* Γ *in* C *ist mit* $l(e_\Gamma) = e_C$.

Folgerung 2: *Ist* $C := A$ *abelsch, so ist* (G, λ) $(\varphi - \psi)$*-äquivalent zu* (G', λ') *genau dann, wenn die folgenden Relationen gelten:*

1) $\psi \,\square\, x = \square'(\varphi x)\, \psi$
2) $\psi h = h'$,

wobei $h \in H^2_\square(\Gamma, A)$ und $h' \in H^2_{\square'}(\Gamma, A)$.

T bezeichne die Menge aller Tripel $[\varphi, \psi, l(x)]$, gebildet aus allen Automorphismen $\varphi \in \mathrm{Aut}\Gamma$, $\psi \in \mathrm{Aut}C$ und allen Funktionen $l(x): \Gamma \to C$, die der Normierungseigenschaft $l(e_\Gamma) = e_C$ genügen. – Man zeigt sofort:

Lemma 5.2: *Die Menge* T *bildet eine Gruppe, wenn die Verknüpfung* $\otimes$ *zweier Tripel* $[\varphi_1, \psi_1, l_1(x)]$ *und* $[\varphi_2, \psi_2, l_2(x)]$ *definiert wird durch:*

$$[\varphi_1, \psi_1, l_1(x)] \otimes [\varphi_2, \psi_2, l_2(x)] = [\varphi_1 \varphi_2, \psi_2 \psi_1, l_2(\varphi_1 x)\, \psi_2(l_1(x))]. \tag{5.4}$$

M sei die Menge aller Erweiterungssysteme $(\nabla(x), m(x,y))$, durch die alle Erweiterungen aus $\mathfrak{E}(C, \Gamma)$ bestimmt sind. Wir definieren eine Operation des Tripels $[\varphi, \psi, l(x)] \in T$ auf das Erweiterungssystem $(\nabla'(x), m'(x,y)) \in M$ durch:

$$[\varphi, \psi, l(x)] \circ (\nabla'(x), m'(x,y)) = (\nabla(x), m(x,y)) \tag{5.5}$$

mit
$$\nabla(x) = \langle \psi^{-1} l(\varphi x) \rangle\, \psi^{-1}\, \nabla'(\varphi x)\, \psi$$

und
$$m(x,y) = \psi^{-1}\{l(\varphi x)\, [\nabla'(\varphi x)\, l(\varphi y)]\, m'(\varphi x, \varphi y)\, l(\varphi(xy))^{-1}\}.$$

Die Gruppe T operiert als Permutationsgruppe auf der Menge M. Die Gruppe P der Permutationen

$$(\nabla'(x), m'(x,y)) \to [\varphi, \psi, l(x)] \circ (\nabla'(x), m'(x,y))$$

ist im allgemeinen intransitiv. Die Transitivitätssysteme von P sollen »*Erweiterungssystemklassen*« heißen. Mit Hilfe der so definierten Erweiterungssystemklassen lassen sich nun die Gattungen $\mathrm{Gt}(C, \Gamma)$ in der Menge $\mathfrak{E}(C, \Gamma)$ aller Gruppenerweiterungen von C durch Γ charakterisieren.

Satz 5.3: (Kennzeichnung der Gattungen)
Die Erweiterungen (G, λ) *und* (G', λ') *aus* $\mathfrak{E}(C, \Gamma)$ *gehören genau dann zur gleichen Gattung* $\mathrm{Gt}(C, \Gamma)$ *von* $\mathfrak{E}(C, \Gamma)$, *wenn die sie bestimmenden Erweiterungssysteme* $(\nabla(x), m(x,y))$ *und* $(\nabla'(x), m'(x,y))$ *der gleichen Erweiterungssystemklasse angehören.*

Beweis:

a) Es sei (G, λ) und (G', λ') aus $\mathrm{Gt}(C, \Gamma)$. Dann ist (G, λ) $(\varphi - \psi)$-äquivalent zu (G', λ') für einen bestimmten Automorphismus $\varphi \in \mathrm{Aut}\Gamma$ und $\psi \in \mathrm{Aut}C$. Aus Satz 5.1 folgt, daß eine Funktion $l(x): \Gamma \to C$ existiert mit $l(e_\Gamma) = e_C$, so daß für die die Erweiterungen (G, λ) und (G', λ') bestimmenden Erweiterungssysteme $(\nabla(x), m(x,y))$ und $(\nabla'(x), m'(x,y))$ gilt:

$$[\varphi, \psi, l(x)] \circ (\nabla'(x), m'(x,y)) = (\nabla(x), m(x,y)),$$

d. h., die Erweiterungssysteme gehören zur gleichen Erweiterungssystemklasse.

b) Gehören $(\nabla(x), m(x,y))$ und $(\nabla'(x), m'(x,y))$ der gleichen Erweiterungssystemklasse an, so existiert ein Tripel $[\varphi, \psi, l(x)] \in T$ derart, daß $[\varphi, \psi, l(x)] \circ (\nabla'(x), m'(x,y)) = (\nabla(x), m(x,y))$, und aus Satz 5.1 folgt die $(\varphi - \psi)$-Äquivalenz von (G, λ) und (G', λ'), d. h., die Gruppenerweiterungen (G, λ) und (G', λ') gehören zur gleichen Gattung $\mathrm{Gt}(C, \Gamma)$ von $\mathfrak{E}(C, \Gamma)$.

Folgerung: Das System aller Erweiterungen einer Gruppe C durch eine Gruppe Γ bildet genau dann eine Gattung, wenn die oben definierte Gruppe P transitiv ist.

Die Tripel $[\iota_\Gamma, \psi, l(x)] \in T$ (ι_Γ = Identität von Γ) bilden einen Normalteiler T' von T. Analog T operiert T' auf der Menge M. Die Transitivitätssysteme von M bezüglich T' sollen »*spezielle Erweiterungssystemklassen*« heißen. – Analog wie bei Satz 5.3 zeigt man unter Ausnutzung von Folgerung 1 von Satz 5.1:

Satz 5.4: (Kennzeichnung der Arten)
Die Erweiterungen (G, λ) und (G', λ') aus $\mathfrak{E}(C, \Gamma)$ gehören genau dann zur gleichen Art $\mathrm{At}(C, \Gamma)$ von $\mathfrak{E}(C, \Gamma)$, wenn die sie bestimmenden Erweiterungssysteme $(\nabla(x), m(x,y))$ und $(\nabla'(x), m'(x,y))$ der gleichen speziellen Erweiterungssystemklasse angehören.

Die Gruppe T operiert transitiv auf der Teilmenge $M' \subset M$, deren Elemente die Erweiterungssysteme einer Gattung $\mathrm{Gt}(C, \Gamma)$ sind. T' ist normal in T. Es seien $N_1, \ldots, N_k$ die Transitivitätssysteme von T'. – Ein Transitivitätssystem N_i von T' besteht, falls $n_i \in N_i$, aus allen $t n_i$ $(t \in T')$, kurz: $T' n_i = N_i$. $T' n_j$ sei ein weiteres Transitivitätssystem von T', und es sei $s n_i = n_j$ mit $s \in T$. Dann gilt: $n_j = (T' s)\, n_i = (s T')\, n_i = s N_i$, da $T' s = s T'$ wegen der Normalität von T' in T. Hieraus folgt, daß die Transitivitätssysteme von T' hinsichtlich T konjugiert[4] sind, und da M' endlich, folgt:

Satz 5.5: Jede Art $\mathrm{At}(C, \Gamma)$ einer Gattung $\mathrm{Gt}(C, \Gamma)$ von $\mathfrak{E}(C, \Gamma)$ enthält gleich viele Erweiterungsgruppen aus $\mathfrak{E}(C, \Gamma)$.

[4] Die Transitivitätssysteme N_i und N_k von T' heißen hinsichtlich T konjugiert genau dann, wenn ein Element $t \in T$ existiert, so daß $t N_i = N_k$.

(G, λ) sei eine Erweiterung von $\mathfrak{E}(C, \Gamma)$. Die Menge aller $\alpha \in \mathrm{Aut}G$ mit der Eigenschaft $\alpha C = C$ bildet eine Untergruppe von $\mathrm{Aut}G$, die Invarianzgruppe $\mathfrak{A}(C \subsetneq G) \subsetneq \mathrm{Aut}G$ der Untergruppe $C \subsetneq G$. Es ist $\mathrm{Aut}G = \mathfrak{A}(C \subsetneq G)$ genau dann, wenn C charakteristisch in G ist. Die Gruppe $\mathfrak{J}(C \subsetneq G)$ derjenigen Automorphismen $\beta \in \mathfrak{A}(C \subsetneq G)$, für die $\beta c = c$ für alle $c \in C$ gilt, heißt die Identitätsgruppe von C in $\mathrm{Aut}G$. Es ist $\mathfrak{J}(C \subsetneq G)$ normal in $\mathfrak{A}(C \subsetneq G)$ und die Faktorgruppe $\mathfrak{A}(C \subsetneq G)/\mathfrak{J}(C \subsetneq G)$ ist isomorph zur Automorphismengruppe, die durch $\mathfrak{A}(C \subsetneq G)$ in C induziert wird. Es gilt:

Satz 5.6: *Die Invarianzgruppe $\mathfrak{A}(C \subsetneq G)$ bzw. die Identitätsgruppe $\mathfrak{J}(C \subset G)$ einer Gruppenerweiterung (G, λ) von C durch Γ, die durch das Erweiterungssystem $(\nabla(x), m(x,y))$ bestimmt ist, ist isomorph zur Untergruppe aller Tripel $[\varphi, \psi, l(x)] \in T$ bzw. zur Untergruppe aller Tripel $[\varphi, \iota_C, l(x)] \in T$, für die $[\varphi, \psi, l(x)] \circ (\nabla(x), m(x,y)) = (\nabla(x), m(x,y))$ bzw. $[\varphi, \iota_C, l(x)] \circ (\nabla(x), m(x,y)) = (\nabla(x), m(x,y))$ gilt.*

Jede Gattung $\mathrm{Gt}(C, \Gamma)$ aus $\mathfrak{E}(C, \Gamma)$ läßt sich in eine oder mehrere Arten $\mathrm{At}(C, \Gamma)$ aufspalten. Wir leiten im folgenden ein notwendiges und hinreichendes Kriterium dafür her, wann zwei Erweiterungsgruppen einer Gattung in der gleichen Art liegen.

$(G_\varrho, \lambda_\varrho)$ $(\varrho = 1, \ldots, \mu)$ seien die Gruppen einer festen Gattung $\mathrm{Gt}(C, \Gamma)$ aus $\mathfrak{E}(C, \Gamma)$. Für alle Paare $(G_i, \lambda_i), (G_k, \lambda_k)$ $(i \neq k, 1 \leqq i, k \leqq \mu)$ aus $\mathrm{Gt}(C, \Gamma)$ sei ein Isomorphismus:

$$I_{ik} : G_i \to G_k$$

festgelegt. $J_{ik} : \overline{G}_i \to \overline{G}_k$ bezeichne den durch I_{ik} in den Faktorgruppen $\overline{G}_i := \overline{G}_i/C$ und $\overline{G}_k := G_k/C$ induzierten Isomorphismus. Mit $K_{ik} : \overline{G}_i \to \overline{G}_k$ werde der Isomorphismus von $\overline{G}_i$ auf $\overline{G}_k$ bezeichnet, für den $\iota_k K_{ik} = \iota_i$ gilt, wobei $\iota_i : \overline{G}_i \to \Gamma$ bzw. $\iota_k : \overline{G}_k \to \Gamma$ den durch die Erweiterungstheorie festgelegten Isomorphismus von $\overline{G}_i$ auf Γ bzw. von G_k auf Γ bedeutet. – Wir zeichnen die folgenden Gruppen aus:

$\mathrm{Aut}\overline{G}_i$ sei die Automorphismengruppe der Faktorgruppe $\overline{G}_i := G_i/C$, ihre Elemente seien mit $\bar{\varrho}_i, \bar{\varrho}_i', \ldots$ bezeichnet.

$\bar{R}_i$ sei die Untergruppe aller $\bar{\varrho}_i$, die durch einen Automorphismus $\sigma \in \mathfrak{A}_i(C \subsetneq G_i)$ in $\mathrm{Aut}\overline{G}_i$ induziert werden.

Es existiert ein Isomorphismus

$$\nu : \mathrm{Aut}\overline{G}_i \to \mathrm{Aut}\overline{G}_k$$

derart, daß ν $\bar{R}_i$ auf $\bar{R}_k$ abbildet. Der Index $\mathrm{ind}\,(\bar{R}_i : \mathrm{Aut}\overline{G}_i)$ hängt demnach nur von der Gattung $\mathrm{Gt}(C, \Gamma)$ nicht aber von der Indexgröße i ab. In $\mathrm{Gt}(C, \Gamma)$ zeichnen wir eine Gruppe G_0 aus und definieren die Automorphsimen $\bar{\varrho}_{0,i} \in \mathrm{Aut}\overline{G}_0$:

$$(5.6) \qquad \bar{\varrho}_{0,i} = K_{i0} J_{i0}^{-1}.$$

Satz 5.7: (Aufspaltung der Gattungen in Arten)
Die Gruppen (G_i, λ_i) und (G_k, λ_k) einer festen Gattung $\mathrm{Gt}(C, \Gamma)$ aus $\mathfrak{E}(C, \Gamma)$ gehören dann und nur dann zur selben Art $\mathrm{At}(C, \Gamma)$ von $\mathfrak{E}(C, \Gamma)$, wenn $\bar{\varrho}_{0,k}^{-1} \bar{\varrho}_{0,i} \in \bar{R}_0$, d. h., wenn $\bar{\varrho}_{0,i}$ und $\bar{\varrho}_{0,k}$ in der gleichen Linksnebenklasse von $\bar{R}_0$ liegen.

Beweis:

a) Es sei $\bar{\sigma}_0 = \bar{\varrho}_{0,k}^{-1} \bar{\varrho}_{0,i} \in \bar{R}_0$. $\bar{\sigma}_0$ wird durch einen Automorphismus $\sigma_0 \in \mathfrak{A}_0(C \subseteq G_0)$ induziert. Dann ist

$$I_{ik}^* = I_{k0}^{-1} \sigma_0 I_{i0}$$

ein ausgezeichneter Isomorphismus von (G_i, λ_i) auf (G_k, λ_k) mit

$$J_{ik}^* = K_{k0}^{-1} K_{i0} = K_{ik},$$

denn es gilt:

$$\begin{aligned}
J_{ik} &= J_{k0}^{-1} \bar{\sigma}_0 J_{i0} \\
&= J_{k0}^{-1} \bar{\varrho}_{0,k}^{-1} \bar{\varrho}_{0,i} J_{i0} \\
&= J_{k0}^{-1} J_{k0} K_{k0}^{-1} K_{i0} J_{i0}^{-1} J_{i0} \\
&= K_{k0}^{-1} K_{i0} = K_{ik}.
\end{aligned}$$

b) Es existiere ein Isomorphismus

$$I_{ik}^* : G_i \to G_k$$

derart, daß

$$J_{ik} = K_{ik}.$$

Dann gilt $\bar{\sigma}_0 = \bar{\varrho}_{0,k}^{-1} \bar{\varrho}_{0,i} \in \bar{R}_0$ für den Automorphismus

$$\sigma_0 = I_{k0} I_{ik} I_{i0}^{-1},$$

denn es gilt:

$$\begin{aligned}
\bar{\sigma}_0 &= J_{k0} J_{ik} J_{i0}^{-1} \\
&= J_{k0} K_{ik} J_{i0}^{-1} \\
&= J_{k0} K_{k0}^{-1} K_{i0} J_{i0}^{-1} \\
&= \bar{\varrho}_{0,k}^{-1} \bar{\varrho}_{0,i} \in \bar{R}_0.
\end{aligned}$$

Für die Anzahl r der verschiedenen Arten $\mathrm{At}^{(r)}(C, \Gamma)$ einer festen Gattung $\mathrm{Gt}(C, \Gamma)$ aus $\mathfrak{E}(C, \Gamma)$ folgt aus Satz 5.7 eine obere Schranke.

Satz 5.8: *Die Anzahl r der verschiedenen Arten $\mathrm{At}^{(r)}(C, \Gamma)$ einer festen Gattung $\mathrm{Gt}(C, \Gamma)$ aus $\mathfrak{E}(C, \Gamma)$ ist höchstens gleich dem Index $z = \mathrm{ind}(\bar{R}_0 : \mathrm{Aut}\bar{G}_0)$:*

$$r \leq \mathrm{ind}(\bar{R}_0 : \mathrm{Aut}\bar{G}_0).$$

Beweis:

Sind $G_{i_1}, \ldots, G_{i_n}$ $(n > z)$ mehr als z Gruppen aus $\mathrm{Gt}(C, \Gamma)$, dann gehören mindestens zwei unter ihnen derselben Art $\mathrm{At}(C, \Gamma)$ an, da mindestens zwei $\bar{\varrho}_{0,i_k}$ und $\bar{\varrho}_{0,i_l}$ in derselben Linksnebenklasse von $\mathrm{Aut}\bar{G}_0$ nach $\bar{R}_0$ liegen (Ditrichletsches Schubladenprinzip).

Aus den Sätzen 5.5, 5.7, 5.8 ergeben sich die Folgerungen:

Folgerung 1: Die Gattung $\mathrm{Gt}^{(i)}(C, \Gamma) \in \mathfrak{E}(C, \Gamma)$ *ist dann eine Art* $\mathrm{At}^{(i)}(C, \Gamma)$, *wenn nach Auszeichnung einer Gruppe* $G_0^i \in \mathrm{Gt}^{(i)}(C, \Gamma)$ *für die von* $\mathfrak{A}_0^{(i)}(C \subseteq G_0^{(i)})$ *induzierte Automorphismengruppe* $\bar{R}_0^{(i)}$ *die Beziehung* $\bar{R}_0^{(i)} = \mathrm{Aut}\bar{G}_0^{(i)}$ *gilt.*

Folgerung 2: Ist l die Anzahl der Gruppen einer Gattung $\mathrm{Gt}^{(i)}(C, \Gamma)$ *aus* $\mathfrak{E}(C, \Gamma)$, *so ist* $\mathrm{Gt}^{(i)}(C, \Gamma)$ *eine Art* $\mathrm{At}^{(i)}(C, \Gamma)$, *wenn z und l teilerfremd sind:* $(z, l) = 1$.

Beweis:

Man beachte: Wegen Satz 5.5 ist die Anzahl r der Arten einer Gattung ein Teiler von l.

§ 6 $(\psi - J)$-Isomorphie bei Erweiterungen mit abelschem Normalteiler A

A bzw. Γ sei eine abelsche bzw. beliebige, multiplikative Gruppe. (G, λ) bzw. (G', λ') sei eine Erweiterung von A durch Γ, definiert durch das Invariantenpaar $(\square, h \in H^2_\square(\Gamma, A))$ bzw. $(\square', h' \in H^2_{\square'}(\Gamma, A))$. ι bzw. ι' bezeichne den Isomorphismus von $\bar{G} := G/A$ bzw. $\bar{G}' := G'/A$ auf Γ. J sei ein Isomorphismus von $\bar{G}$ auf $\bar{G}'$, definiert durch $\iota' \circ J = \varphi \circ \iota$ mit bestimmtem Automorphismus φ von $\mathrm{Aut}\Gamma$.
$Z := Z(A : G)$ sei der Zentralisator von A in G. Da A abelsch und A normal in G, folgt: $Z \supseteq A$, Z normal in G. Die Elemente der Faktorgruppe $\bar{Z} := Z/A$ werden mit $\bar{z}_1, \bar{z}_2, \ldots$ bezeichnet.
Die durch die Abbildung $a \to \langle \bar{g} \rangle a$ für alle $a \in A$ und alle $\bar{g} \in \bar{G}$ definierte Automorphismengruppe in $\mathrm{Aut}A$ sei mit $\mathfrak{A}(G, A)$ bezeichnet. Durch die Abbildung:

$$\gamma = \square \circ \iota \tag{6.1}$$

wird $\bar{G}$ homomorph auf $\mathfrak{A}(G, A)$ abgebildet, und es gilt die Isomorphie:

$$\mathfrak{A}(G, A) \cong \bar{G}/\bar{Z}. \tag{6.2}$$

Wir untersuchen nun die Beziehungen zwischen den durch die Erweiterungen (G, λ) und (G', λ') bestimmten Automorphismengruppen $\mathfrak{A}(G, A)$ und $\mathfrak{A}'(G', A)$, wobei wir gemäß § 3, (3.7) die folgende naheliegende Definition zugrunde legen:

Def. 6.1: Ist $\psi \in \mathrm{Aut}A$ und $J: \overline{G} \to \overline{G}'$ ein Isomorphismus von $\overline{G}$ auf $\overline{G}'$, definiert durch $\varphi \circ \iota = \iota' \circ J$ mit festem $\varphi \in \mathrm{Aut}\Gamma$, so heißen $\mathfrak{A}(G, A)$ und $\mathfrak{A}'(G', A)$ $(\psi - J)$-*isomorph* (Bez.: $\mathfrak{A}(G, A) \underset{(\psi - J)}{\cong} \mathfrak{A}'(G', A)$) genau dann, wenn für alle $\bar{g} \in \overline{G}$ gilt:

$$\psi\gamma(\bar{g}) = \gamma'(J\bar{g})\,\psi; \quad (\bar{g} \in \overline{G}). \tag{6.3}$$

Im folgenden charakterisieren wir für die abelsche Gruppe A bei vorausgesetzter $(\psi_1 - J)$-Isomorphie von $\mathfrak{A}(G, A)$ und $\mathfrak{A}'(G', A)$ die Menge aller Automorphismen $\psi \in \mathrm{Aut}A$, für die ebenfalls eine $(\psi - J)$-Isomorphie zwischen $\mathfrak{A}(G, A)$ und $\mathfrak{A}'(G', A)$ existiert.

Satz 6.1: *(G, λ) bzw. (G', λ') sei eine Erweiterung von A durch Γ. ψ_1 bzw. J sei ein Automorphismus aus* $\mathrm{Aut}A$ *bzw ein Isomorphismus von $\overline{G}$ auf $\overline{G}'$ derart, daß $\mathfrak{A}(G, A) \underset{(\psi_1 - J)}{\cong} \mathfrak{A}'(G', A)$. Dann gilt $\mathfrak{A}(G, A) \underset{(\psi - J)}{\cong} \mathfrak{A}'(G', A)$ genau dann, wenn für den Automorphismus $\psi \in \mathrm{Aut}A$ gilt: $\psi \in \psi_1 Z(\mathfrak{A}(G, A) : \mathrm{Aut}A)$.*

Beweis:

a) Aus der vorausgesetzten $(\psi_1 - J)$-Isomorphie von $\mathfrak{A}(G, A)$ und $\mathfrak{A}'(G', A)$ folgt nach Def. 6.1:

$$\psi_1\gamma(\bar{g})\,\psi_1^{-1} = \gamma'(J\bar{g})$$

für alle $\bar{g} \in \overline{G}$. Ist $\mathfrak{A}(G, A) \underset{(\psi - J)}{\cong} \mathfrak{A}'(G', A)$, so gilt für die gleichen Automorphismen $\gamma(\bar{g})$ und $\gamma'(J\bar{g})$ die Beziehung:

$$\psi\gamma(\bar{g})\,\psi^{-1} = \gamma'(J\bar{g}).$$

Man erhält also:

$$\psi_1\gamma(\bar{g})\,\psi_1^{-1} = \psi\gamma(g)\,\psi^{-1}$$

und damit

$$\gamma(\bar{g}) = \psi_1^{-1}\psi\gamma(\bar{g})\,\psi^{-1}\psi_1$$

für alle $\bar{g} \in \overline{G}$; d. h.: $\psi_1^{-1}\psi \in Z(\mathfrak{A}(G, A) : \mathrm{Aut}A)$, $\psi \in \psi_1 Z(\mathfrak{A}(G, A) : \mathrm{Aut}A)$.

b) Es sei $\psi \in \psi_1 Z(\mathfrak{A}(G, A) : \mathrm{Aut}A)$, also $\psi = \psi_1\psi^*$, $\psi^* \in Z(\mathfrak{A}(G, A) : \mathrm{Aut}A)$.

Dann gilt:

$$\psi\gamma(\bar{g})\,\psi^{-1} = (\psi_1\psi^*)\,\gamma(\bar{g})\,(\psi_1\psi^*)^{-1} = \psi_1\psi^*\gamma(\bar{g})\,\psi^{*-1}\psi_1^{-1} = \psi_1\gamma(\bar{g})\,\psi_1^{-1},$$

und da wegen der $(\psi_1 - J)$-Isomorphie $\psi_1\gamma(\bar{g})\,\psi_1^{-1} = \gamma'(J\bar{g})$ gilt, folgt:

$$\psi\gamma(\bar{g})\,\psi^{-1} = \gamma'(J\bar{g}),$$

das heißt:

$$\mathfrak{A}(G, A) \underset{(\psi - J)}{\cong} \mathfrak{A}(G', A).$$

Aus Satz 6.1 erhält man unmittelbar die folgenden Folgerungen:

Folgerung 1: Die Anzahl k *der Automorphismen* $\psi \in \mathrm{Aut}A$, *für die* $\mathfrak{A}(G, A) \underset{(\psi - J)}{\cong} \mathfrak{A}'(G', A)$ *bei festems Iomorphismus* $J: \overline{G} \to \overline{G}'$, *ist gleich der Ordnung des Zentralisators* $Z(\mathfrak{A}(G, A) : \mathrm{Aut}A)$:

$$k = |Z(\mathfrak{A}(G, A) : \mathrm{Aut}A)|.$$

Folgerung 2: Ist $Z(\mathfrak{A}(G, A) : \mathrm{Aut}A) = e$, *und ist* $\mathfrak{A}(G, A) \underset{(\psi - J)}{\cong} \mathfrak{A}'(G', A)$ *für einen bestimmten Automorphismus* $\psi \in \mathrm{Aut}A$ *und einen bestimmten Isomorphismus* J *von* $\overline{G}$ *auf* $\overline{G}'$, *so existiert kein Automorphismus* $\psi_1 \neq \psi$ *aus* $\mathrm{Aut}A$ *derart, daß* $\mathfrak{A}(G, A) \underset{(\psi_1 - J)}{\cong} \mathfrak{A}'(G', A)$ *gilt.*

Folgerung 3: Ist $\mathfrak{A}(G, A) \underset{(\psi_1 - J)}{\cong} \mathfrak{A}'(G', A)$, *so gilt* $\mathfrak{A}(G, A) \underset{(\psi - J)}{\cong} \mathfrak{A}'(G', A)$ *für alle* $\psi \in \mathrm{Aut}A$ *genau dann, wenn*

$$Z(\mathfrak{A}(G, A) : \mathrm{Aut}A) = \mathrm{Aut}A.$$

Folgerung 4: Ist $G/A \cong \Gamma$ *abelsch und gilt* $\mathfrak{A}(G, A) \underset{(\psi - J)}{\cong} \mathfrak{A}'(G', A)$ *für festen Isomorphismus* $J: \overline{G} \to \overline{G}'$, *so folgt:*

$$k \geqq |\mathfrak{A}(G, A)|. \tag{6.4}$$

Ist $\mathfrak{A}(G, A)$ *maximal in* $\mathrm{Aut}A$, *so gilt in* (6.4) *das Gleichheitszeichen.*

Satz 6.2: Der Normalteiler A *von* (G, λ) *bzw.* (G', λ') *sei zyklisch;* $\psi_1 \in \mathrm{Aut}A$ *bzw.* $J: \overline{G} \to \overline{G}'$ *sei ein Automorphismus von* A *bzw. ein Isomorphismus von* $\overline{G}$ *auf* $\overline{G}'$. *Es sei* $\mathfrak{A}(G, A) \underset{(\psi_1 - J)}{\cong} \mathfrak{A}'(G', A)$. *Dann gilt:*

$$\mathfrak{A}(G, A) \underset{(\psi - J)}{\cong} \mathfrak{A}'(G', A) \text{ für alle } \psi \in \mathrm{Aut}A.$$

Beweis:

Ist A zyklisch, so ist $\mathrm{Aut}A$ abelsch und $Z(\mathfrak{A}(G, A) : \mathrm{Aut}A) = \mathrm{Aut}A$, woraus nach Folgerung 3 von Satz 6.1 die Behauptung folgt.

Gilt $\mathfrak{A}(G, A) \underset{(\psi - J)}{\cong} \mathfrak{A}'(G', A)$, so wird offenbar $\overline{Z}$ durch J auf $\overline{Z}'$ abgebildet, wenn man – der Definition von $\overline{Z}$ entsprechend – $\overline{Z}' := Z'/A$, $Z' := Z(A : G')$ setzt.

Wir kennzeichnen nun für festen Automorphismus $\psi \in \mathrm{Aut}A$ und vorausgesetzter $(\psi - J)$-Isomorphie von $\mathfrak{A}(G, A)$ auf $\mathfrak{A}'(G', A)$ alle Isomorphismen $J_\lambda \neq J$ von $\overline{G}$ auf $\overline{G}'$, für die ebenfalls eine $(\psi - J_\lambda)$-Isomorphie zwischen $\mathfrak{A}(G, A)$ und $\mathfrak{A}'(G', A)$ existiert.

Satz 6.3: *Es sei* $\psi \in \mathrm{Aut}A$, *und es gelte* $\mathfrak{A}(G, A) \underset{(\psi - J)}{\cong} \mathfrak{A}'(G', A)$ *für einen festen Isomorphismus* J *von* $\overline{G}$ *auf* $\overline{G}'$. *Dann gilt* $\mathfrak{A}(G, A) \underset{(\psi - J')}{\cong} \mathfrak{A}'(G', A)$ *genau dann, wenn der Automorphismus* $\bar{\alpha} = J'^{-1}J$ *von* $\overline{G}$ *die Faktorgruppe* $\bar{Z}$ *auf sich abbildet und in*

$$\overline{G}/\bar{Z} = {}^{G/A}/_{Z/A}$$

den identischen Automorphismus induziert.

Beweis:

a) Sind $\mathfrak{A}(G, A)$ und $\mathfrak{A}'(G', A)$ nicht nur $(\psi - J)$-isomorph, sondern auch $(\psi - J')$-isomorph, so gilt nach Def. 6.1:

$$\psi\gamma(\bar{g}) = \gamma'(J\bar{g})\,\psi = \gamma'(J'\bar{g})\,\psi \qquad (\bar{g} \in \overline{G}). \tag{6.5}$$

Da ebenfalls $\mathfrak{A}'(G', A)$ zu $\mathfrak{A}(G, A)$ $(\psi^{-1} - J'^{-1})$-isomorph ist, ergibt sich durch Anwendung von Def. 6.1 auf (6.5):

$$\begin{aligned} \psi^{-1}(\psi\gamma(\bar{g})) &= \gamma(\bar{g}) = \psi^{-1}(\gamma'(J(\bar{g}))\,\psi) \\ &= \gamma(J'^{-1}J(\bar{g}))\,(\psi^{-1}\psi) = \gamma(J'^{-1}J(\bar{g})) \end{aligned} \tag{6.6}$$

also

$$\gamma(\bar{g}) = \gamma(J'^{-1}J(g))$$

für alle $\bar{g} \in \overline{G}$, und damit:

$$\bar{g}\bar{Z} = (J'^{-1}J)\,\bar{g}\bar{Z};$$

dies jedoch ist die zu beweisende Behauptung[5].

b) Es sei $\gamma(\bar{g}) = \gamma(J'^{-1}J(\bar{g}))$, also auch $\gamma(\bar{g}) = \gamma(J^{-1}J'(\bar{g}))$. Weiter sei $\psi\gamma(\bar{g}) = \gamma'(J(g))\,\psi$ für jedes $\bar{g} \in \overline{G}$. Dann folgt:

$$\psi\gamma(\bar{g}) = \psi\gamma(J^{-1}J'(\bar{g})) = \gamma'(JJ^{-1}J'(\bar{g}))\,\psi = \gamma'(J'(\bar{g}))\,\psi \tag{6.7}$$

und nach Def. 6.1 folgt demnach die $(\psi - J')$-Isomorphie von $\mathfrak{A}(G, A)$ und $\mathfrak{A}'(G', A)$.

Folgerung 1: *Es sei* $\mathfrak{A}(G, A) \underset{(\psi - J)}{\cong} \mathfrak{A}'(G', A)$ *und* $Z(A : G) = A$. *Dann existiert kein Isomorphismus* $J_1 \neq J$ *von* $\overline{G}$ *auf* $\overline{G}'$, *für den* $\mathfrak{A}(G, A) \underset{(\psi - J_1)}{\cong} \mathfrak{A}'(G', A)$ *gilt.*

[5] Da $\bar{\alpha}^{-1} = J^{-1}J'$ zu $\alpha = J'^{-1}J$ invers, gelten die gleichen Aussagen, die für $J'^{-1}J$ gelten, auch für $J^{-1}J'$.

Beweis:

Ist $Z(A:G) = A$, so folgt $\overline{G}/\overline{Z} = \overline{G}$. Jeder Automorphismus $\alpha^* = J_1^{-1} J$ von Aut$\overline{G}$ bildet die Faktorgruppe $\overline{G}/\overline{Z}$ nicht identisch auf sich ab, wenn $J_1 \neq J$.

Folgerung 2: Ist (G, λ) bzw. (G', λ') eine nilpotente Erweiterung einer abelschen Gruppe A durch Γ, in der A ein größter abelscher Normalteiler ist[6]. *Ist weiter $\mathfrak{A}(G, A) \underset{(\psi - J)}{\cong} \mathfrak{A}'(G', A)$ für einen festen Automorphismus $\psi \in$ Aut$A$ und festen Isomorphismus J von $\overline{G}$ auf $\overline{G}'$, so existiert kein Isomorphismus $J_1 \neq J$, für den $\mathfrak{A}(G, A) \underset{(\psi - J_1)}{\cong} \mathfrak{A}'(G', A)$ gilt.*

Beweis:

Es ist $Z(A:G)$ normal in G. Jede Faktorgruppe einer nilpotenten Gruppe ist nilpotent. Wäre $Z(A:G) \supset A$, so würde in $\overline{Z}$ ein Zentrumselement $\bar{z} = gA$ in der Faktorgruppe $\overline{G}$ liegen. Für die von g und A erzeugte Gruppe $\{g, A\}$ gilt dann $\{g, A\} \supset A$. Die Gruppe $\{g, A\}$ wäre ebenfalls abelscher Normalteiler in G. Da A jedoch größter abelscher Normalteiler in G nach Voraussetzung, gilt $Z(A:G) = A$, und die Behauptung von Folgerung 2 folgt aus Folgerung 1.

Es sei nun ein Automorphismenpaar $\psi_1, \psi_2 \in$ Aut$A$ und ein Isomorphismenpaar J_1, J_2 von $\overline{G}$ auf $\overline{G}'$ gegeben.

Satz 6.4: Für die Erweiterungen (G, λ) und (G', λ') gelte sowohl $\mathfrak{A}(G, A) \underset{(\psi_1 - J_1)}{\cong} \mathfrak{A}'(G', A)$ als auch $\mathfrak{A}(G, A) \underset{(\psi_2 - J_2)}{\cong} \mathfrak{A}'(G', A)$. Dann bildet $\bar{\alpha} = J_2^{-1} J_1$ die Gruppe $\overline{Z}$ auf sich ab, und es gilt:

a) *Ist A zyklich, so induziert $\bar{\alpha}$ immer den identischen Automorphismus von $\overline{G}/\overline{Z}$.*

b) *Ist A nicht zyklisch, so braucht $\bar{\alpha}$ nicht immer den identischen Automorphismus von $\overline{G}/\overline{Z}$ zu induzieren.*

Beweis:

Daß $\bar{\alpha}$ sicher $\overline{Z}$ auf sich abbildet, folgt aus der Tatsache, daß sowohl J_1 als auch J_2 $\overline{Z}$ auf $\overline{Z}'$ abbildet.

a) Ist A zyklisch, so folgt nach Satz 6.2, daß $\mathfrak{A}(G, A) \underset{(\psi_1 - J_2)}{\cong} \mathfrak{A}'(G', A)$ gilt, und es folgt daher die Behauptung für $\bar{\alpha} \in$ Aut$\overline{G}$ nach Satz 6.3.

[6] Ein abelscher Normalteiler A von G heißt genau dann ein größter abelscher Normalteiler in G, wenn in G kein abelscher Normalteiler N existiert, so daß $N \supset A$.

b) Es sei $p \neq 2$ Primzahl; $G_i = \{a_i, g_i\}$ sei die von a_i, g_i erzeugte Gruppe mit den definierenden Relationen:

$$a_i^p = g_i^2 = e \tag{6.8}$$

$$a_i^{g_i} = a_i^{-1}. \tag{6.9}$$

$(i = 1, 2)$

Es sei ferner $A_i = (a_i)$ und $G = G_1 \times G_2$ bzw. $A = A_1 \times A_2$ das direkte Produkt der Gruppen G_1, G_2 bzw. A_1, A_2. Die Gruppe $\overline{G}$ hat dann die direkte Zerlegung $\overline{G} = (\bar{g}_1) \times (\bar{g}_2)$.

$G' = G_1' \times G_2'$ sei eine »isomorphe Kopie« von G, d. h., eine durch die Gruppen $G_i' = \{a_i, g_i'\}$ $(i = 1, 2)$ mit zu (6.8), (6.9) analogen Relationen aufgebaute Gruppe. Durch $I_1 g = g'$ sei ein ausgezeichneter Isomorphismus von G auf G' definiert, der auf A mit dem identischen Automorphismus ι_A übereinstimmt und in den Faktorgruppen $\overline{G}$ und $\overline{G}'$ einen Isomorphismus J_1 induziert, der durch $J_1 \bar{g}_i = \bar{g}_i'$ $(i = 1, 2)$ charakterisiert ist. I_2 sei ein Isomorphismus von G auf G', definiert durch:

$$I_2 g_1 = g_2', I_2 g_2 = g_1'; \quad I_2 a_1 = a_2, I_2 a_2 = a_1.$$

ψ_2 bedeute die Reduktion von I_2 auf A, J_2 den Isomorphismus von $\overline{G}$ auf $\overline{G}'$, der durch I_2 induziert wird.

Hieraus folgt, daß sowohl

$$\mathfrak{A}(G, A) \underset{(\iota_A - J_1)}{\cong} \mathfrak{A}'(G', A)$$

als auch

$$\mathfrak{A}(G, A) \underset{(\psi_2 - J_2)}{\cong} \mathfrak{A}'(G', A)$$

gilt.

Andererseits aber gilt $Z(A : G) = A$, also $\overline{G}/\overline{Z} = \overline{G}$, und es ist $J_1 \neq J_2$, so daß $\bar{\alpha} = J_2^{-1} \cdot J_1$ nicht den identischen Automorphismus von $\overline{G}/\overline{Z}$ induziert.

Wir wenden uns nun der folgenden, durch die weiter oben (vgl. Einleitung, S. 9) erörterte körpertheoretische Problemstellung nahegelegten gruppentheoretischen Fragestellung zu:

Es sei einerseits ein Isomorphismus I_1 von G auf G' gegeben, dessen Reduktion auf A den Automorphismus $\psi_1 \in \mathrm{Aut}A$ liefere. ψ_2 sei ein weiterer Automorphismus aus $\mathrm{Aut}A$ und J_2 ein Isomorphismus von $\overline{G}$ auf $\overline{G}'$ derart, daß $\mathfrak{A}(G, A) \underset{(\psi_2 - J_2)}{\cong} \mathfrak{A}'(G', A)$ gilt. Gibt es dann stets einen Isomorphismus I^* von G auf G', der auf A beschränkt mit dem Automorphismus $\psi^* \in \mathrm{Aut}A$ übereinstimmt, und der außerdem die Eigenschaft hat, daß der durch I^* induzierte Isomorphismus J^* von $\overline{G}$ auf $\overline{G}'$ bei der Kopplung mit J_2 zu einem Automorphismus $\bar{\alpha} = J^{*-1} J_2$ aus $\mathrm{Aut}\overline{G}$ führt, der nicht nur $\overline{Z}$ auf sich abbildet, sondern auch den identischen Automorphismus von $\overline{G}/\overline{Z}$ induziert?

Es sei (G, λ) bzw. (G', λ') eine Gruppenerweiterung von A durch Γ bzw. von A' durch Γ. $\mathfrak{A}(G, A)$ bzw. $\mathfrak{A}'(G', A')$ sei die von der Faktorgruppe $\overline{G}$ bzw. $\overline{G}'$ induzierte Automorphismengruppe von A. Man definiere:

Def. 6.2: Ist I ein Isomorphismus von A auf A' und J ein Isomorphismus von $\overline{G}$ auf $\overline{G}'$, so heißen $\mathfrak{A}(G, A)$ und $\mathfrak{A}'(G', A')$ *$(I - J)$-isomorph* (Bez.: $\mathfrak{A}(G, A) \underset{(I-J)}{\cong} \mathfrak{A}'(G', A')$) genau dann, wenn für alle $\bar{g} \in \overline{G}$ gilt:

(6.10) $$I\gamma(\bar{g}) = \gamma'(J\bar{g})\, I; \quad (\bar{g} \in \overline{G}).$$

Satz 6.5: a) *Bei zyklischem Normalteiler A existiert stets ein ausgezeichneter Isomorphismus I^* von G auf G' im Sinne der gegebenen Problemstellung.*

b) *Bei nicht zyklischem Normalteiler A existiert nicht immer ein Isomorphismus I^* von G auf G' im Sinne der gegebenen Problemstellung.*

Beweis:

a) Nach Satz 6.4, a) kann $I^* = I_1$ gesetzt werden.

b)[7] Es sei $G = G_1 \times G_2$, wobei den G_i $(i = 1, 2)$ folgende Bedingungen auferlegt werden:

1) G_i enthält eine invariante, abelsche Untergruppe A_i.

2) $Z(A_i : G_i) = A_i$.

(6.11) 3) G_i ist direkt unzerlegbar, und für das Zentrum $C(G_i)$ von G_i gelte: $C(G_i) = e_{G_i}$.

4) Es existiert ein Isomorphismus I_{12} bzw. J_{12} von A_1 auf A_2 bzw. von $\overline{G}_1$ auf $\overline{G}_2$ derart, daß $\mathfrak{A}(G_1, A_1) \underset{(I_{12}-J_{12})}{\cong} \mathfrak{A}(G_2, A_2)$ gilt.

5) $G_1 \neq G_2$.

Wir setzen $A = A_1 \times A_2$ und identifizieren die isomorphen Gruppen G_i/A und G_i/A_i $(i = 1, 2)$. Mit $\alpha_{12,21}$ bzw. $\bar{\alpha}_{12,21}$ bezeichnen wir den Automorphismus von $A = A_1 \times A_2$ bzw. $\overline{G} = \overline{G}_1 \times \overline{G}_2$, der entsteht, wenn A_1 mit Hilfe von I_{12} auf A_2 und A_2 mit Hilfe von I_{12}^{-1} auf A_1 abgebildet wird. G' sei eine isomorphe Kopie von G und $\alpha'_{12,21}$ bzw. $\bar{\alpha}'_{12,21}$ die entsprechend gebildeten Automorphismen von A und $\overline{G}'$. Mit I_1 bezeichnen wir den durch $I_1 g = g'$, $I_1 a = a$ $(g \in G, a \in A)$ definierten Isomorphismus von G auf G'. ι_A bezeichne

[7] Bei nichtzyklischem Normalteiler A versagt das Gegenbeispiel von Satz 6.4, b); denn dort sind wir bei der Konstruktion von ψ_2, J_2 gerade von einem Isomorphismus I^* ausgegangen, wie er jetzt gesucht bzw. als nichtexistent nachgewiesen werden soll.

die Reduktion von I_1 auf A. J_1 sei der von I_1 induzierte Isomorphismus von $\overline{G}$ auf $\overline{G}'$. Weiter setzen wir:

(6.12) $$\psi_2 = \alpha'_{12,21},$$

(6.13) $$J_2 = \bar{\alpha}'_{12,21} J_1.$$

Es gilt dann nach Definitionen der Automorphismen bzw. Isomorphismen, daß ι_A bzw. J_1 die Gruppen A_i auf $\bar{A}_i$ bzw. $\overline{G}_i$ auf $\overline{G}_i$ $(i = 1, 2)$ abbildet, und daß ψ_2 bzw. J_2 dagegen A_1 auf A_2, A_2 auf A_1 bzw. $\overline{G}_1$ auf $\overline{G}_2$, $\overline{G}_2$ auf $\overline{G}_1$ abbildet. Es gilt trivialerweise $\mathfrak{A}(G, A) \underset{(\iota_A - J_1)}{\cong} \mathfrak{A}'(G', A)$, und da nach Bedingung (6.11), 4) $\mathfrak{A}(G_1, A_1) \underset{(I_{12} - J_{12})}{\cong} \mathfrak{A}(G_2, A_2)$ gilt, ergibt sich aus der Definition von ψ_2, J_2, daß ebenfalls $\mathfrak{A}(G, A) \underset{(\psi_2 - J_2)}{\cong} \mathfrak{A}'(G', A)$ gilt.

Es existiert jedoch kein Isomorphismus I^* von G auf G' im Sinne der Problemstellung, denn wegen Bedingung (6.11), 2) für die Gruppen G_i ist $Z(A : G) = A$. Existierte also ein Isomorphismus I^* der gesuchten Art, so müßte der induzierte Isomorphismus J^* von $\overline{G}$ auf $\overline{G}'$ mit J_2 identisch sein, d. h., es müßte J^* die Gruppe $\overline{G}_1$ bzw. $\overline{G}_2$ auf $\overline{G}_2$ bzw. $\overline{G}_1$ abbilden. Wegen Bedingung (6.11), 3) jedoch ist $G = G_1 \times G_2$ bzw. $G' = G'_1 \times G'_2$ die eindeutig bestimmte Remaksche Zerlegung von G bzw. G'. Jeder Isomorphismus I^* von G auf G' bildet wegen $G_1 \not\cong G_2$ (Bedingung (6.11), 5)) notwendig G_1 auf G'_1 und G_2 auf G'_2 ab. Das heißt, daß durch den von I^* induzierten Isomorphismus J^* immer $\overline{G}'_1$ auf $\overline{G}'_1$ und $\overline{G}_2$ auf $\overline{G}'_2$ abgebildet wird.

Wir weisen im folgenden Satz 6.6 die Existenz von Gruppen G_i $(i = 1, 2)$ nach, die den Bedingungen (6.11), 1)–5) genügen.

Satz 6.6: (Existenzsatz)
Die Gruppen $G_1 = \{a, s_1, s_2, s_3\}$, $G_2 = \{b, t_1, t_2, t_3\}$, *erzeugt durch die Elemente* a, s_1, s_2, s_3 *bzw.* b, t_1, t_2, t_3, *mit den definierenden Relationen:*

$$a^{21} = e$$
$$s_1 a s_1^{-1} = a^{20} \quad s_2 a s_2^{-1} = a^{13} \quad s_3 a s_3^{-1} = a^4$$
$$s_i^2 = e \quad s_3^3 = e \qquad (i = 1, 2) \qquad (R_1)$$
$$s_i s_k = s_k s_i \qquad (i = 1, 2;\ k = 2, 3)$$

bzw.

$$b^{21} = e$$
$$t_1 b t_1^{-1} = b^{20} \quad t_2 b t_2^{-1} = b^{13} \quad t_3 b t_3^{-1} = b^4$$
$$t_i^2 = e \quad t_3^3 = b^7 \qquad (i = 1, 2) \qquad (R_2)$$
$$t_i t_k = t_k t_i \qquad (i = 1, 2;\ k = 2, 3)$$

genügen den Bedingungen (6.11), 1)–5) *des Beweises* b) *von Satz 6.5.*

Beweis:

Das Relationensystem (R_1) bzw. (R_2) definiert eine Gruppenerweiterung (G_1, λ_1) bzw. (G_2, λ_2) der zyklischen Gruppe $A = (a)$ bzw. $B = (b)$ durch die abelsche Gruppe Γ vom Typ (2,2,3) (vgl. [12], § 8). Bedingung (6.11), 1) ist trivial erfüllt. Da $\mathfrak{A}(G_i, A_i) = G_i/A_i$, folgt wegen $\mathfrak{A}(G_i, A_i) = \overline{G}_i/\overline{Z}_i$ die Bedingung (6.11), 2) $Z(A_i : G_i) = A_i$. Wegen $Z(A_i : G_i) = A_i$ gilt für das Zentrum $C(G_i)$ von G_i die Relation $C(G_i) \subset A_i$, und da für alle $a_i \neq e$ aus A_i ein $s_i \in G_i$ existiert derart, daß $s_i a_i \neq a_i s_i$, folgt $C(G_i) = e$. Da die Gruppen G_i außerdem direkt unzerlegbar sind, folgt die Bedingung (6.11), 3). Definiert man J_{12} durch:

$$s_i \rightarrow t_i \qquad (i = 1, 2, 3),$$

so gilt (wegen Satz 6.2) für einen beliebigen Isomorphismus I_{12} von A_1 auf A_2, daß $\mathfrak{A}(G_1, A_1) \underset{I_{12}-J_{12}}{\cong} \mathfrak{A}(G_2, A_2)$, d. h., es gilt Bedingung (6.11), 4).

G_1 ist eine zerfallende Erweiterung; es gilt demnach:

$$G_1 = A_1 \cdot Q; \quad Q \cong G_1/A_1 \cong \Gamma; \quad A_1 \cap Q = e.$$

A_1 enthält eine einzige zyklische Untergruppe T der Ordnung 3, die wegen der Normalität von A_1 in G_1 normal in G_1 ist. Q besitzt ebenfalls eine zyklische Untergruppe T'. $T \cdot T'$ ist eine 3-Sylow-Gruppe, die nicht zyklisch ist. G_2 jedoch besitzt eine zyklische 3-Sylow-Gruppe, erzeugt durch t_3. Es folgt $G_1 \not\cong G_2$, also Bedingung (6.11), 5).

Bemerkung: Die in diesem Paragraphen hergeleiteten Sätze für die Gruppen $\mathfrak{A}(G, A)$ und $\mathfrak{A}'(G', A)$, die durch die Gruppenerweiterungen (G, λ) und (G', λ') bestimmt sind, gelten entsprechend für die Gruppen $\mathfrak{A}(G_1, A_1)$ und $\mathfrak{A}(G_2, A_2)$, die bestimmt sind durch die Gruppenerweiterungen (G_1, λ_1) und (G_2, λ_2) von A_1 durch Γ bzw. A_2 durch Γ, wenn an Stelle des Automorphismus ψ von A ein Isomorphismus $\psi^*: A_1 \rightarrow A_2$ von A_1 auf A_2 betrachtet wird.

Kapitel II

Kanonische Isomorphie Galoisscher Erweiterungskörper

§ 1 Hauptsätze der Galois-Theorie

Def. 1.1: Ein System von Untermengen $M_\sigma \subseteq M$ ($\sigma \in I$, I Indexmenge) einer Menge M heißt ein Mengenverband V in M genau dann, wenn für beliebige Mengen $M_\sigma \subseteq M$ stets $\bigcap_\sigma M_\sigma \in \mathsf{V}$ gilt.

Für alle $N \in \mathsf{V}$ bildet das System V_N aller $N_\sigma \in \mathsf{V}$ mit $N_\sigma \subseteq N$ einen Mengenverband in N. Sind N_σ beliebig viele Mengen in V, so ist $\bigcap_\tau M_\tau$ mit $M_\tau \supseteq N_\sigma$ für alle σ die kleinste gemeinsame Obermenge $\dot{\bigcup}_\sigma N_\sigma$ der $N_\sigma \in \mathsf{V}$, für die $\dot{\bigcup}_\sigma N_\sigma \supseteq \bigcup_\sigma N_\sigma$ gilt. $\dot{\bigcup}_\sigma N_\sigma$ hängt von der Wahl des Mengenverbandes ab, in den die N_σ eingebettet sind.

Es sei V ein Mengenverband von M und G eine Permutationsgruppe auf M derart, daß folgende Bedingungen gelten:

1) Ist $H_0 \subseteq G$ und $N(H_0) = \{m \in M / hm = m$, für alle $h \in H_0\}$, so gilt $N(H_0) \in \mathsf{V}$.
2) Ist $N \in \mathsf{V}$ und $g \in G$, so ist $gN \in \mathsf{V}$.

$\mathscr{G}$ sei der Mengenverband aller Untergruppen von G und für $N_0 \in \mathsf{V}$ sei die folgende Gruppe definiert:

$$H(N_0) = \{g \in G / gm = m, \text{ für alle } m \in N_0\}.$$

Ist V^* bzw. $\mathscr{G}^*$ das Mengensystem aller $N^* \in \mathsf{V}$ bzw. $H^* \in \mathscr{G}$ mit der Eigenschaft $N^* = N(H_0)$ bzw. $H^* = H(N_0)$ mit passenden $H_0 \in \mathscr{G}$ bzw. $N_0 \in \mathsf{V}$, so gelten die folgenden Sätze:

Satz 1.1: *Durch die Zuordnung*

$$N^* \to H(N^*) = H^*$$

$$H^* \to N(H^*) = N^*$$

wird V^* *eineindeutig auf* $\mathscr{G}^*$ *abgebildet derart, daß aus* $H_1^* \supseteq H_2^*$, $H_i^* \leftrightarrow N_i^*$ ($i = 1, 2$) *stets* $N_1^* \subseteq N_2^*$ *folgt.*

Satz 1.2: *Ist $N_2 = gN_1$ ($N_1, N_2 \in \mathsf{V}, g \in G$) bzw. $H_2 = gH_1g^{-1}$ ($H_1, H_2 \in \mathscr{G}$, $g \in G$), so gilt auch $H_2 = gH_1g^{-1}$ bzw. $N_2 = gN_1$. Aus $N_1 \in \mathsf{V}^*$ bzw. $H_1 \in \mathscr{G}^*$ folgt $gN_1 \in \mathsf{V}^*$ bzw. $gH_1g^{-1} \in \mathscr{G}^*$.*

V^* ist ein Mengenverband, $\mathscr{G}^*$ genau dann, wenn außer 1), 2) noch gilt:

3) Für jedes $m \in \dot{\bigcup\limits_{\sigma}} N_\sigma$ ($N_\sigma \in \mathsf{V}$) und jedes $h \in \bigcap\limits_{\sigma} H(N_\sigma)$ gilt $hm = m$.

Ist $N \subseteq M, g \in G$ derart, daß $gN = N$, so wird die durch g in N induzierte Permutation durch

$$g_N m = gm \qquad (m \in M)$$

definiert. Für alle $N \subseteq M$ sei P_N eine vorgegebene Permutationsgruppe von N mit der Eigenschaft:

4) Ist $gN = N$ $(g \in G, N \in \mathsf{V})$, so ist $g_N \in P_N$.

Die Menge

$$G_N = \{\pi_N \in P_N / \pi_N = g_N, (g \in G)\}$$

bildet die durch G in N induzierte Permutationsgruppe.

Satz 1.3: *Für $N^* \in \mathsf{V}^*$, $H^* = H(N^*)$ ist die Abbildung $g \to g_{N^*}$, wobei g aus dem Normalisator* Norm$(H^*: G)$ *von H^* in G ist, ein Homomorphismus von* Norm$(H^*: G)$ *auf G_{N^*} mit dem Kern H^*. Es gilt also:*

$$G_{N^*} \cong \mathrm{Norm}(H^*: G)/H^*.$$

Ist $\mathfrak{K}$ ein Körper und $\mathfrak{N}$ ein separabler Normaloberkörper von $\mathfrak{K}$, $G: G(\mathfrak{N}:\mathfrak{K})$ die Galois-Gruppe aller Automorphismen von $\mathfrak{N}$ über $\mathfrak{K}$, und bedeutet V den Mengenverband aller Zwischenkörper $\mathfrak{L}$ ($\mathfrak{K} \subseteq \mathfrak{L} \subseteq \mathfrak{N}$), sowie $\mathscr{G}$ den Mengenverband aller Untergruppen von G, so folgen aus der Gradrelation $[\mathfrak{N}:\mathfrak{K}] = |G|$ ($[\mathfrak{N}:\mathfrak{K}]$ Grad von $\mathfrak{N}$ über $\mathfrak{K}$, $|G|$ Ordnung der Gruppe G) dem folgenden Lemma 1.4 sowie den Sätzen 1.1–1.3 die Hauptsätze der Galois-Theorie.

Lemma 1.4: Ist $I_\mathfrak{L}$ ein Isomorphismus von $\mathfrak{L}$ auf $\mathfrak{L}'$ über $\mathfrak{K}$ ($\mathfrak{L}, \mathfrak{L}' \subseteq \mathfrak{N}$), so gilt $I_\mathfrak{L} l = gl$ ($g \in G, l \in \mathfrak{L}$); d. h., $I_\mathfrak{L}$ wird durch einen Automorphismus $g \in G$ induziert.

Satz 1.5: (Erster Hauptsatz der Galois-Theorie)

a) *Es gilt* $\mathsf{V} = \mathsf{V}^*$, $\mathcal{G} = \mathcal{G}^*$. *Durch* $\mathfrak{L}_0 \to H(\mathfrak{L}_0)$, $H_0 \to \mathfrak{L}(H_0)$ *werden die Körper* $\mathfrak{L}_0$ *mit* $\mathfrak{K} \subseteq \mathfrak{L}_0 \subseteq \mathfrak{N}$ *umkehrbar eindeutig auf die Untergruppen von* G *abgebildet.*

b) *Ist* $H = H(\mathfrak{L})$, $\mathfrak{L} = \mathfrak{L}(H)$, *so gilt* $|H| = [\mathfrak{N} : \mathfrak{L}]$; $[\mathfrak{L} : \mathfrak{K}] = \operatorname{ind}(H : G)$.

c) *Ist* $\mathfrak{N} \supseteq \mathfrak{L}_i \supseteq \mathfrak{K}$, $H_i = H(\mathfrak{L}_i)$ $(i = 1, \ldots, s)$, *so gilt* $\mathfrak{L}_1 \cdot \ldots \cdot \mathfrak{L}_s = \mathfrak{L}(H_1 \cap \ldots \cap H_s)$; $\mathfrak{L}_1 \cap \ldots \cap \mathfrak{L}_s = \mathfrak{L}(H_1 \dot{\cup} \ldots \dot{\cup} H_s)$.

Satz 1.6: (Zweiter Hauptsatz der Galois-Theorie)

a) *Gilt* $\mathfrak{L}_0 = \mathfrak{L}(H_0)$, $H_0 = H(\mathfrak{L}_0)$, *so folgt* $g\mathfrak{L}_0 \longleftrightarrow gH_0g^{-1}$ *für alle* $g \in G$.

b) *Ist* $H_0 = H(\mathfrak{L}_0)$, *so folgt* $G(\mathfrak{L}_0 : \mathfrak{K}) \cong \operatorname{Norm}(H_0 : G)/H_0$, $gH_0 \longleftrightarrow g_{\mathfrak{L}_0}$, $g \in \operatorname{Norm}(H_0 : G)$.

c) $\mathfrak{L}_0$ *ist genau dann über* $\mathfrak{K}$ *normal, wenn* $H_0 = H(\mathfrak{L}_0)$ *in* G *invariant ist. Ist* $\mathfrak{L}_0$ *normal über* $\mathfrak{K}$, *so gilt* $G(\mathfrak{L}_0 : \mathfrak{K}) \simeq G/H_0$, $gH_0 \longleftrightarrow g_{\mathfrak{L}_0}$ $(g \in G)$.

§ 2 Kummersche Charaktere relativ zyklischer Körper

$\mathfrak{L}$ sei ein separabler Normaloberkörper von $\mathfrak{K}$ und $H : G(\mathfrak{L} : \mathfrak{K})$ die Galois-Gruppe von $\mathfrak{L}$ über $\mathfrak{K}$. $\mathfrak{N}$ sei ein zyklischer Normaloberkörper über $\mathfrak{L}$ vom Grade $[\mathfrak{N} : \mathfrak{L}] = n$, der ebenfalls über $\mathfrak{K}$ normal sei. Der Körpergrad n sei nicht durch die Charakteristik von $\mathfrak{K}$ teilbar, und $\mathfrak{L}$ enthalte die n-ten Einheitswurzeln, d. h., die Nullstellen ε_n^k $(k = 0, \ldots, n-1)$ von $x_n - 1$.

Satz 2.1: *Sind* $x^n - c_i = x_n - \gamma_i^n \in \mathfrak{L}[x]$ $(i = 1, 2;\ \gamma_i \notin \mathfrak{L})$ *zwei erzeugende Binome von* $\mathfrak{N}$ *über* $\mathfrak{L}$, *so ist* $\mathfrak{L}(\gamma_1) = \mathfrak{L}(\gamma_2) = \mathfrak{N}$ *genau dann, wenn* $c_2 = c_1^r f^n$ $(f \in \mathfrak{L},\ (r, n) = 1)$ *mit passendem zu* n *teilerfremden* r.

Beweis:

a) Es sei $A = (a)$ die Galois-Gruppe $G(\mathfrak{N} : \mathfrak{L})$ von $\mathfrak{N}$ über $\mathfrak{L}$.

$$x^n - c_i = \prod_{k=0}^{n-1} (x - \varepsilon_n^k \gamma_i) \qquad (i = 1, 2)$$

seien zwei erzeugende Binome von $\mathfrak{N}$ über $\mathfrak{L}$, und es sei $\mathfrak{N} = \mathfrak{L}(\gamma_1) = \mathfrak{L}(\gamma_2)$. Dann gilt:

$$a\gamma_1 = \varepsilon_n^s \gamma_1; \quad a\gamma_2 = \varepsilon_n^r \gamma_2,$$

und sowohl $a^k \to \varepsilon_n^{sk}$ als auch $a^k \to \varepsilon_n^{rk}$ $(k = 0, \ldots, n-1)$ definieren einen Isomorphismus von A auf die multiplikative Gruppe der n-ten E.W., also eine treue Darstellung 1-ten Grades von A. Es gilt also $(n, r) = 1$ und $(n, s) = 1$, und man kann ε_n so wählen, daß $s = 1$ und demnach

$$a\gamma_1 = \varepsilon_n \gamma_1, \; a\gamma_2 = \varepsilon_n^r \gamma_2$$

gilt. Hieraus ergibt sich:

$$a(\gamma_2^{-1}\gamma_1^r) = \gamma_2^{-1}\gamma_1^r, \quad \gamma_2^{-1}\gamma_1^r = f^{-1} \in \mathfrak{L}, \quad c_2 = f^n c_1^r.$$

b) Ist umgekehrt $(r, n) = 1$, $f \in \mathfrak{L}$ und $x^n - c = \prod_{k=0}^{n-1} (x - \varepsilon_n^k \gamma)$, so folgt $x^n - f^n c^r = \prod_{k=0}^{n-1} (x - \varepsilon_n^k (f\gamma^r))$, also $\mathfrak{N} = \mathfrak{L}(\gamma) = \mathfrak{L}(f\gamma^r)$.

Durch Satz 2.1 gewinnt man einen Überblick über die $\mathfrak{N}$ über $\mathfrak{L}$ erzeugenden Binome aus $\mathfrak{L}[x]$.

Es sei $G = G(\mathfrak{N} : \mathfrak{K})$ die Galois-Gruppe von $\mathfrak{N}$ über $\mathfrak{K}$. G/A ist gemäß Satz 1.6 zur Galois-Gruppe $G(\mathfrak{L} : \mathfrak{K})$ isomorph. Unter einem multiplikativen Charakter von $\bar{G} := G/A$ verstehen wir im folgenden einen Homomorphismus von G in die multiplikative Gruppe $L^{\cdot}$ der zu n teilerfremden Restklassen.
Ist χ_k ($k = 1, 2$) durch $\chi_k \bar{g} \to \bar{r}_{\bar{g}}^{(k)}$ ($\bar{g} \in \bar{G}$, $\bar{r}_{\bar{g}}^{(k)} \in L^{\cdot}$) festgelegt, so ist $\chi_2\chi_1$ durch $(\chi_2\chi_1)\, \bar{g} \to \bar{r}_{\bar{g}}^{(1)} \bar{r}_{\bar{g}}^{(2)}$ definiert, und daß $\chi_2\chi_1$ wiederum ein Charakter ist, beruht auf dem abelschen Charakter der Gruppe $L^{\cdot}$.

Wir definieren folgende Charaktere:

1) Einen nur vom Körperpaar $\mathfrak{L}, \mathfrak{K}$ abhängigen Charakter $\varphi_{\mathfrak{L},\mathfrak{K}}$ liefert die Voraussetzung, daß die n-ten E.W. zu $\mathfrak{L}$ gehören. Ist ε_n^m ($(m, n) = 1$) irgendeine primitive E.W., so gilt für jedes $\bar{g} \in \bar{G}$ die Relation:

$$\bar{g}\varepsilon_n^m = (\varepsilon_n^m)^{\bar{s}_{\bar{g}}},$$

wobei $\bar{s}_{\bar{g}} \in L^{\cdot}$ unabhängig von m durch $\bar{g}$ allein eindeutig bestimmt ist. Die Relation $\varphi_{\mathfrak{K},\mathfrak{L}}\bar{g} = \bar{s}_{\bar{g}}$ definiert einen Homomorphismus $\varphi_{\mathfrak{L},\mathfrak{K}}: \bar{G} \to L^{\cdot}$ von $\bar{G}$ in $L^{\cdot}$.

2) Einen vom Körpertripel $\mathfrak{N}, \mathfrak{L}, \mathfrak{K}$ abhängigen Charakter $\psi_{\mathfrak{N},\mathfrak{L},\mathfrak{K}}$ erhält man durch die folgende Definition: Da $A = (a)$ zyklisch, gilt für alle $\bar{g} \in \bar{G}$ die Gleichung:

$$a^{\bar{g}} := \bar{g}a\bar{g}^{-1} = a^{\bar{r}_{\bar{g}}}$$

mit eindeutig bestimmtem $r_{\bar{g}} \in L^{\cdot}$, und die Zuordnung $\gamma(\bar{g}) \to \bar{r}_{\bar{g}}$ (vgl. Kapitel I, § 6, S. 26) definiert einen Isomorphismus $H_{G,A}$ von $\mathfrak{A}(G, A)$ *in* $L^{\cdot}$, der nur von G und A nicht aber von der speziellen Wahl des Basiselementes von A abhängt, denn es gilt:

$$(2.1) \qquad (a^s)^{\bar{g}} = (a^{\bar{g}})^s = (a^{\bar{r}_{\bar{g}}})^s = (a^s)^{\bar{r}_{\bar{g}}}.$$

Wir setzen nun $\psi_{\mathfrak{N},\mathfrak{L},\mathfrak{K}}\bar{g} = \bar{r}_{\bar{g}}$, falls $\bar{r}_{\bar{g}}$ diejenige Klasse aus $L^{\cdot}$ ist, die im zyklischen Fall eindeutig dem Automorphismus $\gamma(\bar{g}) \in \mathfrak{A}(G, A)$ zugeordnet werden kann.

Ist $x^n - c$ ein erzeugendes Binom von $\mathfrak{N}$ über $\mathfrak{L}$ und $\bar{g} \in \bar{G}$, so ist wegen der Normalität von $\mathfrak{N}$ und $\mathfrak{L}$ über $\mathfrak{K}$ immer auch $x^n - \bar{g}c$ ein erzeugendes Binom von $\mathfrak{N}$ über $\mathfrak{L}$, und nach Satz 2.1 gilt daher die Relation:

$$\bar{g}c = f_{\bar{g}}^n c^{\bar{t}_{\bar{g}}}, \quad (f_{\bar{g}} \in \mathfrak{L}, (\bar{t}_{\bar{g}}, n) = 1).$$

Die Restklasse $\bar{t}_{\bar{g}}$ ist eindeutig bestimmt, denn aus $f_1^n c^{\bar{t}_1} = f_2^n c^{\bar{t}_2}$ $(f_i \in \mathfrak{L}, (\bar{t}_i, n) = 1, i = 1, 2)$ folgt für $m = (n, \bar{t}_1 - \bar{t}_2)$ wegen $y^n = c \in \mathfrak{L}$, $\varepsilon_n \in \mathfrak{L}$ sicher $c^m \in \mathfrak{L}$, so daß $x_m - y^m$ ein Teiler von $x^n - c$ in $\mathfrak{L}[x]$ ist. Wegen der Irreduzibilität von $x^n - c$ in $\mathfrak{L}[x]$ folgt $m = n$, $\bar{t}_1 = \bar{t}_2$.
Ist ferner $x^n - d$ ein zweites erzeugendes Binom von $\mathfrak{N}$ über $\mathfrak{L}$, so gilt $d = b^n c^r$ $(b \in \mathfrak{L})$ nach Satz 2.1, und man erhält:

$$\begin{aligned} \text{(2.2)} \qquad \bar{g}d &= (\bar{g}b)^n (\bar{g}c)^r = ((\bar{g}b) f_{\bar{g}}^r)^n (c^{\bar{t}_{\bar{g}}})^r \\ &= ((\bar{g}b)\, b^{-1} f_{\bar{g}}^r)^n d^{\bar{t}_{\bar{g}}} \qquad ((\bar{g}b)\, b^{-1} f_{\bar{g}}^r \in \mathfrak{L}). \end{aligned}$$

Schließlich ergibt sich für $g_1, g_2 \in G$:

$$\begin{aligned} \text{(2.3)} \qquad (\bar{g}_2\bar{g}_1)\, c &= \bar{g}_2(f_{\bar{g}_1}^n c^{\bar{t}_{\bar{g}_1}}) = (\bar{g}_2 f_{\bar{g}_1})^n (\bar{g}_2 c)^{\bar{t}_{\bar{g}_1}} \\ &= ((\bar{g}_2 f_{\bar{g}_1}) f_{\bar{g}_2}^{\bar{t}_{\bar{g}_1}})^n \cdot c^{\bar{t}_{\bar{g}_1} \bar{t}_{\bar{g}_2}}, ((\bar{g}_2 f_{\bar{g}_1}) f_{\bar{g}_2}^{\bar{t}_{\bar{g}_1}} \in \mathfrak{L}) \end{aligned}$$

und damit

$$\text{(2.4)} \qquad \bar{t}_{\bar{g}_1 \bar{g}_2} = \bar{t}_{\bar{g}_1} \bar{t}_{\bar{g}_2}.$$

Wir fassen das Ergebnis zusammen:

Satz 2.2: *Ist $x^n - c$ irgendein erzeugendes Binom von $\mathfrak{N}$ über $\mathfrak{L}$, so wird durch die Vorschrift:*

$$\chi_{\mathfrak{N},\mathfrak{L},\mathfrak{K}}\bar{g} = \bar{t}_{\bar{g}} \qquad (\bar{t}_{\bar{g}} \in L^{\cdot}),$$

falls $\bar{g}c = f^n c^{\bar{t}_{\bar{g}}}$ $(f \in \mathfrak{L})$ ein eindeutig bestimmter, nur von $\mathfrak{N}, \mathfrak{L}, \mathfrak{K}$ abhängiger Charakter $\chi_{\mathfrak{N},\mathfrak{L},\mathfrak{K}}$ von $\bar{G}$ definiert.

Der Charakter $\chi_{\mathfrak{N},\mathfrak{L},\mathfrak{K}}$ heiße der »*Kummersche Charakter*« des Körpertripels $\mathfrak{N}, \mathfrak{L}, \mathfrak{K}$.

Satz 2.3: *Zwischen den Charakteren $\psi_{\mathfrak{N},\mathfrak{L},\mathfrak{K}}$, $\chi_{\mathfrak{N},\mathfrak{L},\mathfrak{K}}$, $\varphi_{\mathfrak{L},\mathfrak{K}}$ besteht die Relation:*

$$\text{(2.5)} \qquad \chi_{\mathfrak{N},\mathfrak{L},\mathfrak{K}}\, \psi_{\mathfrak{N},\mathfrak{L},\mathfrak{K}} = \varphi_{\mathfrak{L},\mathfrak{K}}$$

Beweis:

Es sei

$$x^n - c = \prod_{k=0}^{n-1} (x - \varepsilon_n^k y), \quad \mathfrak{N} = \mathfrak{L}(y), \quad ay = \varepsilon_n y, \quad \bar{g}c = f_{\bar{g}}^n c^{\bar{t}_{\bar{g}}}.$$

Ist ferner $g \in G$ ein Repräsentant der Restklasse $\bar g \in \overline{G}$, so haben wir bei passender Normierung des Faktors f_g, der nur bis auf eine – zu $\mathfrak{L}$ gehörige – n-te E.W. eindeutig bestimmt ist: $gc = f_{\bar g} c^{\bar t_{\bar g}}$. Nach Definition von $\psi_{\mathfrak{N},\mathfrak{L},\mathfrak{K}}$ gilt weiter $gag^{-1} = a^{\bar r_{\bar g}}$ mit $\psi_{\mathfrak{N},\mathfrak{L},\mathfrak{K}}\bar g = \bar r_{\bar g}$, also $ga = a^{\bar r_{\bar g}} g$. Wenden wir sowohl ga als auch $a^{\bar r_{\bar g}} g$ auf γ an, so ergibt sich:

$$(2.6) \qquad (ga)\gamma = g(\varepsilon_n \gamma) = (g\varepsilon_n)(g\gamma) = \varepsilon_n^{\bar s_{\bar g}} f_{\bar g} \gamma^{\bar t_{\bar g}} \qquad (\varphi_{\mathfrak{L},\mathfrak{K}}\bar g = \bar s_{\bar g},\ \chi_{\mathfrak{N},\mathfrak{L},\mathfrak{K}}\bar g = \bar t_{\bar g})$$

$$(2.7) \qquad (a^{\bar r_{\bar g}} g)\gamma = a^{\bar r_{\bar g}}(f_{\bar g}\gamma^{\bar t_{\bar g}}) = (a^{\bar r_{\bar g}} f_{\bar g})(a^{\bar r_{\bar g}}\gamma)^{\bar t_{\bar g}} = f_{\bar g}\varepsilon_n^{\bar r_{\bar g}\cdot \bar t_{\bar g}}\cdot \gamma^{\bar t_{\bar g}} \qquad (\psi_{\mathfrak{N},\mathfrak{L},\mathfrak{K}}\bar g = \bar r_{\bar g}).$$

Der Vergleich von (2.6) und (2.7) liefert:

$$(2.8) \qquad \bar r_{\bar g}\bar t_{\bar g} = \bar t_{\bar g}\bar r_{\bar g} = \bar s_{\bar g},$$

und das ist nach Definition der Charaktermultiplikation die zu beweisende Behauptung.

Um die Bedeutung von Satz 2.2 und Satz 2.3 zu würdigen, beachte man:
Sieht man $\mathfrak{L}$, $\mathfrak{K}$ und damit auch die Gruppe $\overline{G} \cong G(\mathfrak{L} : \mathfrak{K})$ als »rational gegeben« an, während man $\mathfrak{N}$ als »irrationale Erweiterung« von $\mathfrak{L}$ auffaßt, so hat man natürlich auch die Galois-Gruppe $G(\mathfrak{N} : \mathfrak{K})$ als »irrational« zu betrachten, und es ist dementsprechend $\psi_{\mathfrak{N},\mathfrak{L},\mathfrak{K}}$, zu dessen Bestimmung explizit die Elemente von G herangezogen werden müssen, als ein »irrationaler Charakter« zu bezeichnen. Dagegen ist nicht nur – wie selbstverständlich – $\varphi_{\mathfrak{L},\mathfrak{K}}$ als »rationaler Charakter« anzusehen, sondern auch der Kummersche Charakter $\chi_{\mathfrak{N},\mathfrak{L},\mathfrak{K}}$ darf rational genannt werden. Denn zu seiner Berechnung braucht man keine Elemente von $\mathfrak{N}$, sondern nur ein erzeugendes Binom aus $\mathfrak{L}[x]$. Satz 2.3 zeigt nun, daß der seiner unmittelbaren Definition nach irrationale Charakter $\psi_{\mathfrak{N},\mathfrak{L},\mathfrak{K}}$ nur scheinbar irrational ist, da er sich auf den rationalen Einheitswurzelcharakter $\varphi_{\mathfrak{L},\mathfrak{K}}$ und den gleichfalls rationalen Kummerschen Charakter $\chi_{\mathfrak{N},\mathfrak{L},\mathfrak{K}}$ des Körpertripels $\mathfrak{N}$, $\mathfrak{L}$, $\mathfrak{K}$ zurückführen läßt.

§ 3 Kanonische Isomorphie relativ zyklischer Körper

Es seien $\mathfrak{N}_i$ $(i = 1, 2)$ zwei über $\mathfrak{K}$ normale Oberkörper von $\mathfrak{L}$, die beide über $\mathfrak{L}$ zyklisch vom Grade $[\mathfrak{N}_i : \mathfrak{L}] = n$ sind (unter den gleichen Charakteristikvoraussetzungen wie bisher). $G_i := G(\mathfrak{N}_i : \mathfrak{L})$ bzw. $A_i := G(\mathfrak{N}_i : \mathfrak{L})$ sei die Galois-Gruppe von $\mathfrak{N}_i$ über $\mathfrak{K}$ bzw. über $\mathfrak{L}$. $Z_i := Z_i(A_i : G_i)$ bezeichne den Zentralisator von A_i in G_i.

Mit

$$(3.1) \qquad K_i : \overline{G}_i \to G(\mathfrak{L} : \mathfrak{K})$$

bezeichnen wir den durch die galoissche Theorie (Kapitel II, § 1, Satz 1.6) definierten »kanonischen Isomorphismus« der Faktorgruppe $\overline{G}_i := G_i / A_i$ auf die Galois-Gruppe $G(\mathfrak{L}:\mathfrak{K})$ von $\mathfrak{L}$ über $\mathfrak{K}$. Durch $K_2^{-1}K_1$ wird dann ein kanonischer Isomorphismus K_{12}:

(3.2) $$K_{12}: = K_2^{-1}K_1 : \bar{G}_1 \to \bar{G}_2$$

von $\bar{G}_1$ auf $\bar{G}_2$ definiert.

Def. 3.1: Die Automorphismengruppen $\mathfrak{A}(G_i, A_i)$ $(i = 1, 2)$ heißen »*kanonisch isomorph*« genau dann, wenn ein Isomorphismus $I_{12}: A_1 \to A_2$ existiert derart, daß $\mathfrak{A}(G_1, A_1)$ zu $\mathfrak{A}(G_2, A_2)$ gemäß Kapitel I, § 4, Def. 4.2 $(I_{12} - K_{12})$-isomorph ist.

Auf Grund des Satzes 6.2 von Kapitel I, § 6 und der Bemerkung von Seite 34 folgt:

Satz 3.1: *Sind $\mathfrak{A}(G_i, A_i)$ $(i = 1, 2)$ kanonisch isomorph für irgendeinen Isomorphismus $I_{12}': A_1 \to A_2$ von A_1 auf A_2, so sind $\mathfrak{A}(G_i, A_i)$ für jeden Isomorphismus $I_{12}: A_1 \to A_2$ kanonisch isomorph.*

Aus Satz 2.3 von Kapitel II, § 2 ergibt sich ein Kriterium für die kanonische Isomorphie von $\mathfrak{A}(G_i, A_i)$ $(i = 1, 2)$:

Satz 3.2: *Die Automorphismengruppen $\mathfrak{A}(G_i, A_i)$ $(i = 1, 2)$ sind genau dann kanonisch isomorph, wenn die Kummerschen Charaktere der Körpertripel $\mathfrak{N}_1, \mathfrak{L}, \mathfrak{K}$ und $\mathfrak{N}_2, \mathfrak{L}, \mathfrak{K}$ übereinstimmen:*

(3.3) $$\chi_{\mathfrak{N}_1, \mathfrak{L}, \mathfrak{K}} = \chi_{\mathfrak{N}_2, \mathfrak{L}, \mathfrak{K}}.$$

Beweis:

Die Relation (3.3) ist gemäß Kapitel II, § 2, Satz 2.3 gleichwertig mit $\psi_{\mathfrak{N}_1, \mathfrak{L}, \mathfrak{K}} = \psi_{\mathfrak{N}_2, \mathfrak{L}, \mathfrak{K}}$, und die letzte Gleichung besagt: Bildet man $\mathfrak{A}(G_i, A_i)$ $(i = 1, 2)$ mit Hilfe der in Kapitel II, § 2 definierten Isomorphismen

$$H_{G_i, A_i}: \mathfrak{A}(G_i, A_i) \to L^{\cdot}$$

ab, so haben die Automorphismen $\gamma(\bar{g}_1)$ und $\gamma(\bar{g}_2)$ genau dann das gleiche Bild in $L^{\cdot}$, wenn $\bar{g}_2 = K_{12}\bar{g}_1$ $(\bar{g}_1 \in \bar{G}_1, \bar{g}_2 \in \bar{G}_2)$ gilt, wobei K_{12} der kanonische Isomorphismus von $\bar{G}_1$ auf $\bar{G}_2$ ist, der durch die galoissche Theorie induziert wird.

Sind $\mathfrak{A}(G_i, A_i)$ $(i = 1, 2)$ kanonisch isomorph, so wird selbstverständlich $\bar{Z}_1: = Z_1/A_1$ durch den kanonischen Isomorphismus K_{12} auf $\bar{Z}_2: = \bar{Z}_2/A_2$ abgebildet.

Def. 3.2: Die Galois-Gruppen G_1, G_2 heißen (A_1, A_2)-isomorph genau dann, wenn ein Isomorphismus $I_{12}: G_1 \to G_2$ von G_1 auf G_2 existiert, der A_1 auf A_2 abbildet. Die den Galois-Gruppen G_1 und G_2 gemäß Kapitel II, § 1, Satz 1.5 zugeordneten Körper $\mathfrak{N}_1$ und $\mathfrak{N}_2$ gehören zur gleichen »*Galois-Gattung*«.

Def. 3.3: Sind die Galois-Gruppen G_1 und G_2 (A_1, A_2)-isomorph und ist der durch den (A_1, A_2)-Isomorphismus I_{12} induzierte Isomorphismus $J_{12}: \overline{G}_1 \to \overline{G}_2$ von $\overline{G}_1$ auf $\overline{G}_2$ mit dem kanonischen Isomorphismus K_{12} identisch, so heißen G_1 und G_2 *kanonisch* (A_1, A_2)-*isomorph*. Die den Galois-Gruppen G_1 und G_2 zugeordneten Körper $\mathfrak{N}_1$ und $\mathfrak{N}_2$ gehören zur gleichen »*Galois-Art*«.

Unmittelbar aus Kapitel I, § 6, Satz 6.3 und Satz 6.4 und dem Satz 3.2 folgen die Ergebnisse der beiden folgenden Sätze:

Satz 3.3: Sind die Galois-Gruppen G_1 und G_2 (A_1, A_2)-isomorph, und ist $J_{12}: \overline{G}_1 \to \overline{G}_2$ der durch den gegebenen (A_1, A_2)-Isomorphismus induzierte Isomorphismus von $\overline{G}_1$ auf $\overline{G}_2$, so gilt für die Kummerschen Charaktere $\chi_{\mathfrak{N}_1, \mathfrak{L}, \mathfrak{K}}$ und $\chi_{\mathfrak{N}_2, \mathfrak{L}, \mathfrak{K}}$ der den Galois-Gruppen entsprechenden Körpertripel $\mathfrak{N}_1, \mathfrak{L}, \mathfrak{K}$ bzw. $\mathfrak{N}_2, \mathfrak{L}, \mathfrak{K}$ die Relation $\chi_{\mathfrak{N}_1, \mathfrak{L}, \mathfrak{K}} = \chi_{\mathfrak{N}_2, \mathfrak{L}, \mathfrak{K}}$ genau dann, wenn der Automorphismus

$$K_{12}^{-1} J_{12}: \overline{G}_1 \to \overline{G}_1$$

die Gruppe $\overline{Z}_1$ auf sich abbildet und in der Gruppe

$$\overline{G}_1 / \overline{Z}_1 = {}^{G_1/A_1} / {}_{Z_1/A_1}$$

den identischen Automorphismus induziert.

Satz 4.3: Ist $Z_1(A_1 : G_1) = A_1$ und G_1 zu G_2 (A_1, A_2)-isomorph, so gilt dann und nur dann $\chi_{\mathfrak{N}_1, \mathfrak{L}, \mathfrak{K}} = \chi_{\mathfrak{N}_2, \mathfrak{L}, \mathfrak{K}}$, wenn jeder (A_1, A_2)-Isomorphismus von G_1 auf G_2 kanonisch ist.

Es liegt nun nahe zu fragen, ob allein aus der Tatsache, daß G_1 und G_2 (A_1, A_2)-isomorph sind und außerdem $\chi_{\mathfrak{N}_1, \mathfrak{L}, \mathfrak{K}} = \chi_{\mathfrak{N}_2, \mathfrak{L}, \mathfrak{K}}$ gilt, auf die Existenz eines kanonischen (A_1, A_2)-Isomorphismus von G_1 auf G_2 geschlossen werden kann. Das aber würde bedeuten, daß die Körper $\mathfrak{N}_1, \mathfrak{N}_2$ einer Galois-Gattung genau dann zur gleichen Galois-Art gehören, wenn ihre Kummerschen Charaktere gleich sind.
Wir werden im folgenden Paragraphen zeigen, daß dieser Schluß statthaft ist, wenn A_1 *und* $\overline{G}_1$ beide zyklisch sind.
Daß dabei die einschneidende Voraussetzung »$\overline{G}_1$ zyklisch« kaum abgeschwächt werden kann, zeigt das folgende elementare Beispiel:
Es sei p eine Primzahl, und es sei p^2 bzw. p die Ordnung des Elementes g_i bzw. h_i $(i = 1, 2)$. Ferner werde

$$G_i = (g_i) \times (h_i), \; A_i = (g_i^p)$$

gesetzt, so daß also G_i abelsch von der Ordnung p^3 und A_i zyklisch von der Ordnung p ist, während die Quotientengruppe – für die man wohl ohne Mißverständnis $\overline{G}_i = (\bar{g}_i) \times (\bar{h}_i)$ schreiben kann – das allereinfachste Beispiel einer nichtzyklischen Gruppe darstellt.
Die Gruppen G_1 und G_2 sind trivialerweise (A_1, A_2)-isomorph: $g_1 \to g_2$, $h_1 \to h_2$. Hat aber, was durchaus möglich ist, $\bar{g}_1$ bzw. $\bar{h}_1$ bei dem kanonischen

Isomorphismus K_{12} das Bild $\bar{h}_2$ bzw. $\bar{g}_2$, so existiert kein kanonischer (A_1, A_2)-Isomorphismus von G_1 auf G_2; denn es müßte ja bei einem kanonischen (A_1, A_2)-Isomorphismus g_1 auf ein Element der Klasse $\bar{h}_2$ abgebildet werden, was unmöglich ist, da g_1 die Ordnung p^2, aber jedes Element aus $\bar{h}_2$ die Ordnung p besitzt.

§ 4 Galois-Gattungen und Galois-Arten (m, n)-bizyklischer Körper

Def. 4.1: Die Gruppe $(G_{m,n}, \lambda)$ heißt (m, n)-bizyklisch genau dann, wenn die folgende Sequenz exakt ist:

$$1 \longrightarrow A_n(a) \xrightarrow{\varkappa} G_{m,n} \xrightarrow{\lambda} Z_m(g) \longrightarrow 1,$$

wobei $A_n(a)$ bzw. $Z_m(g)$ eine zyklische Gruppe von der Ordnung n mit der Erzeugenden a bzw. von der Ordnung m mit der Erzeugenden g ist.

Def. 4.2: Der Körper $\mathfrak{N}$ heißt (m, n)-bizyklisch über $\mathfrak{K}$ genau dann, wenn die Galois-Gruppe $G(\mathfrak{N}:\mathfrak{K})$ (m, n)-bizyklisch ist.

Eine Gruppenerweiterung $(G, \lambda): 1 \longrightarrow A \xrightarrow{\varkappa} G \xrightarrow{\lambda} Z_m(g) \longrightarrow 1$ der abelschen Gruppe A durch die zyklische Gruppe $Z_m(g)$ ist eindeutig bestimmt durch ein einziges Element $a_0 \in A$, das invariant bezüglich der Operation $\square$ von g auf $A: g \square a_0 = a_0$. Für einen Repräsentanten $r(g)$ von g in G gelten die Relationen:

$$\text{(4.1)} \qquad \begin{aligned} &1)\ r(g)^m = a_0 \in A \\ &2)\ (g \square a_0)\, r(g) = r(g)\, a_0. \end{aligned}$$

Ist $r'(g) = a_1 r(g)$ ein anderer Repräsentant von g in G, so gilt: $r'(g)^m = (N_g a_1)\, a_0$, wobei $N_g a_1 = a_1 (g \square a_1) \cdot \ldots \cdot (g^{m-1} \square a_1)$ die Norm von a_1 bezüglich g bedeutet. N_g ist ein Homomorphismus $N_g: A \to A$ von A in A.
Ist $\Phi(\mathrm{St}(A, Z_m(g)))$ die Mannigfaltigkeit aller Strukturen von $\mathfrak{E}(A, Z_m(g))$, so erhält man die umkehrbar eindeutige Beziehung:

$$\text{(4.2)} \qquad \Phi(\mathrm{St}(A, Z_m(g))) \longleftrightarrow [a/g \square a = a]/N_g A.$$

Wegen $r(g)^i r(g)^j = r(g)^{i+j} = a_0 r(g)^{i+j-m}$ für $m \leqq i + j < 2m$ und Repräsentanten $r(g^i) = r(g)^i$ $(i = 0, \ldots, m-1)$ hat das Faktorensystem $m_0(g^i, g^j)$ für diese Repräsentanten die Form:

$$\text{(4.3)} \qquad \begin{aligned} m_0(g^i, g^j) &= 1 && 0 \leqq i + j < m \\ &= a_0 && m \leqq i + j < 2m. \end{aligned}$$

Die Invarianz von a_0 bezüglich g ergibt $\delta^2_\square m_0 = 1$. Die umkehrbare eindeutige Beziehung der Kohomologieklasse dieses Kozyklus m_0 zu bezüglich g invariantem $a_0 \in A$ liefert einen Isomorphismus ϱ:

$$\text{(4.4)} \qquad \varrho: H^2(Z_m(g), A) \to [a/g \square a = a]/N_g A.$$

Ist $A := A_n(a)$ zyklisch, so gilt $a_0 = a^t$, $g \square a = a^r$, und durch m, n, r, t ist die (m, n)-bizyklische Gruppe $B_{m,n}$ eindeutig bestimmt:

Satz 4.1: (Hölder) *Eine (m, n)-bizyklische Gruppe $B_{m,n}$ der Ordnung $m \cdot n$ hat die beiden Erzeugenden a, b mit den definierenden Relationen:*

$$a^n = e, \; b^m = a^t, \; bab^{-1} = a^r, \tag{4.5}$$

wobei m, n, r, t folgenden Zahlbedingungen genügen:

$$\begin{aligned} &1) \; 0 < m, n \\ &2) \; r^m \equiv 1 \; (n) \\ &3) \; t(r - 1) \equiv 0 \; (n). \end{aligned} \tag{4.6}$$

Sind umgekehrt die Bedingungen (4.6) *erfüllt, so definieren die Relationen* (4.5) *eine (m, n)-bizyklische Gruppe $B_{m,n}$.*

Die Strukturen $\mathrm{St}(A(a_n), Z_m(g))$ lassen sich durch die den bizyklischen Gruppen $B_{m,n}$ zugeordneten Quadrupel m, n, r, t charakterisieren.

Satz 4.2: Die Gruppen $B_{m,n}$ und $B'_{m,n}$, definiert durch m, n, r, t bzw. m, n, r', t' gehören dann und nur dann zur gleichen Struktur, wenn die folgenden Zahlrelationen gelten:

$$\begin{aligned} &1') \; r' \equiv r^\nu (n), \quad (\nu, m) = 1 \\ &2') \; t' \equiv \nu t + (1 + r^\nu + \ldots + r^{\nu(m-1)}) \; (n). \end{aligned} \tag{4.7}$$

Ist $\mathfrak{N}_1$ ein Normaloberkörper von $\mathfrak{L}$ über $\mathfrak{K}$ mit der Galois-Gruppe $G(\mathfrak{N}_1 : \mathfrak{K}) = B_{m,n}$, so ist der in Kapitel II, § 2 definierte Charakter $\psi_{\mathfrak{N}_1, \mathfrak{L}, \mathfrak{K}}$ allein durch das Bild der Erzeugenden $\bar{b} = A_n(a)\, b$ von $\bar{B}_{m,n} = B_{m,n}/A_n(a)$ bestimmt. Man ordne $\bar{b}$ die in der $B_{m,n}$ definierenden Relation $bab^{-1} = a^{\bar{r}}$ auftretende Restklasse $\bar{r} \in L^{\cdot}$ zu:

$$\psi_{\mathfrak{N}_1, \mathfrak{L}, \mathfrak{K}} \bar{b} = \bar{r} \in L^{\cdot}. \tag{4.8}$$

Da die Galois-Gruppe $\bar{\Gamma} := G(\mathfrak{L} : \mathfrak{K})$ von $\mathfrak{L}$ über $\mathfrak{K}$ zyklisch ist, ist der Kummersche Charakter $\chi_{\mathfrak{N}_1, \mathfrak{L}, \mathfrak{K}}$ allein durch das Bild der Erzeugenden $\bar{b}$ von $\bar{\Gamma}$ gemäß der Relation $\bar{b}c = f^n c^k$ ($f \in \mathfrak{L}$, $(n, k) = 1$) bestimmt, falls $x^n - c \in \mathfrak{L}[x]$ ein erzeugendes Binom von $\mathfrak{N}$ über $\mathfrak{L}$ ist:

$$\chi_{\mathfrak{N}_1, \mathfrak{L}, \mathfrak{K}} \bar{b} = \bar{k} \in L^{\cdot}. \tag{4.9}$$

Beim Übergang von $\bar{b}$ zu dem erzeugenden Automorphismus $\bar{b}^c$ von $\bar{\Gamma}$ tritt $\bar{k}^c$ an die Stelle von $\bar{k}$. Ist $\bar{k} = \bar{1}$ für einen einzigen Automorphismus $\bar{b}$ von $\bar{\Gamma}$, so ist $\bar{k} = \bar{1}$ für jeden Automorphismus $\bar{b}$ von $\bar{\Gamma}$. Bei festem $\mathfrak{K}$ und eindeutig festgelegtem $\bar{b}$ von $\bar{\Gamma}$ ist demnach jedem (m, n)-bizyklischen Körper $\mathfrak{N}$ eindeutig eine Restklasse $\bar{k} \in L^{\cdot}$ zugeordnet.

Es seien $B^i_{m,n}$ $(i = 1, 2)$ durch die Relationen $a_i^n = e$, $b_i^m = a_i^{t_i}$, $b_i a_i b_i^{-1} = a_i^{r_i}$ definiert, wobei die b_i so gewählt sein sollen, daß $\bar{b}_i = A^i_n(a_i)\, b$ den erzeugenden Automorphismus $\bar{b}$ von $\bar{\Gamma}$ induzieren, so daß die kanonischen Isomorphismen K_i, K_{12} durch $\bar{b}_i \leftrightarrow \bar{b}$ bzw. $\bar{b}_1 \leftrightarrow \bar{b}_2$ gekennzeichnet seien.

Verallgemeinert man die in Kapitel I, § 5 definierte $(\varphi - \psi)$-Äquivalenz der Gruppenerweiterungen (G, λ) und (G', λ') von A durch Γ in der Form, daß man den den beiden Gruppenerweiterungen gemeinsamen Normalteiler A durch A bzw. A' und den Automorphismus ψ durch einen Isomorphismus $\psi: A \to A'$ von A auf A' ersetzt, so folgt hinsichtlich dieser Verallgemeinerung die Gültigkeit von Satz 5.1 von Kapitel I, § 5 und seine Folgerungen und daraus weiter die Charakterisierung der Galois-Gattungen der (m, n)-bizyklischen Körper:

Satz 4.3: (Charakterisierung der Galois-Gattungen)
Die (m, n)-bizyklischen Körper $\mathfrak{N}_1, \mathfrak{N}_2$ von $\mathfrak{L}$ über $\mathfrak{K}$ gehören genau dann zur gleichen Galois-Gattung, wenn ihre Galois-Gruppen $B^i_{m,n}$ $(i = 1, 2)$ $(\varphi - \psi)$-äquivalent sind, d. h., wenn

$$\text{(4.10)} \quad \begin{aligned} &1)\ \mathfrak{A}(B^1_{m,n}, A^1_n(a_1)) \underset{\psi - J}{\cong} \mathfrak{A}(B^2_{m,n}, A^2_n(a^2)) \\ &2)\ \psi h = h' \qquad (h \in H^2_{\square}(\Gamma, A^1_n(a_1)),\ h' \in H^2_{\square'}(\Gamma, A^2_n(a_2))), \end{aligned}$$

wobei $\psi: A^1_n(a_1) \to A^2_n(a_2)$ bzw. $J: \bar{B}^1_{m,n} \to \bar{B}^2_{m,n}$ einen Isomorphismus von $A^1_n(a_1)$ auf $A^2_n(a_2)$ bzw. von $\bar{B}^1_{m,n}$ auf $\bar{B}^2_{m,n}$ bedeutet.

Die Galois-Arten einer Galois-Gattung lassen sich durch die Kummerschen Charaktere hinsichtlich eines festen, erzeugenden Automorphismus $\bar{b}$ von $\bar{\Gamma}$ charakterisieren.

Satz 4.4: (Charakterisierung der Galois-Arten)
Die (m, n)-bizyklischen Körper $\mathfrak{N}_1, \mathfrak{N}_2$ von $\mathfrak{L}$ über $\mathfrak{K}$ von der gleichen Galois-Gattung gehören dann und nur dann zur gleichen Galois-Art, wenn sie hinsichtlich eines festen Automorphismus $\bar{b}$ der Galois-Gruppe $G(\mathfrak{L}:\mathfrak{K})$ denselben Kummerschen Charakter $\chi_{\mathfrak{N}_1, \mathfrak{L}, \mathfrak{K}} = \chi_{\mathfrak{N}_2, \mathfrak{L}, \mathfrak{K}}$ besitzen.

Beweis:

a) Die Notwendigkeit der Bedingung folgt aus Kapitel II, § 3, Satz 3.2 und der Tatsache, daß $\mathfrak{A}(B^i_{m,n}, A^i_n(a_i))$ $(i = 1, 2)$ kanonisch isomorph sein müssen, wenn ein kanonischer $(A^1_n(a_1), A^2_n(a_2))$-Isomorphismus von $B^1_{m,n}$ auf $B^2_{m,n}$ existieren soll.

b) Gehören $\mathfrak{N}_1, \mathfrak{N}_2$ der gleichen Galois-Gattung an, so gelten die Bedingungen (4.10) für die Galois-Gruppen $G_i(\mathfrak{N}_i:\mathfrak{K}) = B^i_{m,n}$ $(i = 1, 2)$. Aus $\chi_{\mathfrak{N}_1, \mathfrak{L}, \mathfrak{K}} = \chi_{\mathfrak{N}_2, \mathfrak{L}, \mathfrak{K}}$ folgt

$$\mathfrak{A}(B^1_{m,n}, A^1_n(a_1)) \underset{\psi_1 - K_{12}}{\cong} \mathfrak{A}(B^2_{m,n}, A^2_n(a_2))$$

für einen Isomorphismus $\psi_1 : A_n^1(a_1) \to A_n^2(a_2)$ und den kanonischen Isomorphismus $K_{12} : \bar{B}_{m,n}^1 \to \bar{B}_{m,n}^2$. Wegen des zyklischen Charakters von $A_n^i(a_i)$ $(i = 1, 2)$ gilt wegen Kapitel I, § 6, Satz 6.2:

$$\mathfrak{A}(B_{m,n}^1, A_n^1(a_1)) \underset{\psi - K_{12}}{\cong} \mathfrak{A}(B_{m,n}^2, A_n^2(a_2)).$$

Da K_{12} durch einen Wechsel der Erzeugenden von $\bar{B}_{m,n}^2$ beschrieben wird und die 2-te Kohomologiegruppe $H_\square^2(\Gamma, A_n^2(a_2))$ invariant gegenüber der Wahl der Erzeugenden von Γ ist, ist auch die Bedingung (4.10), 2) erfüllt; es zählen also $\mathfrak{N}_1, \mathfrak{N}_2$ zur gleichen Galois-Art.

§ 5 Galois-Gattungen und Galois-Arten relativ abelscher Normaloberkörper $\mathfrak{N}$ über dem Kummer-Körper $\mathfrak{L}$ mit vorgegebener Galois-Gruppe $G(\mathfrak{N} : \mathfrak{K})$ über einem Teilkörper $\mathfrak{K}$ von $\mathfrak{L}$

$\mathfrak{L}$ sei ein Kummer-Körper über $\mathfrak{K}$ mit der abelschen Galois-Gruppe $\bar{H} = G(\mathfrak{L} : \mathfrak{K})$, der die n-ten E.W. enthalte. $\mathfrak{N}_i$ $(i = 1, 2)$ sei ein abelscher Normaloberkörper über $\mathfrak{L}$ vom Grade $[\mathfrak{N}_i : \mathfrak{L}] = n$ mit der Galois-Gruppe $A_i = G(\mathfrak{N}_i : \mathfrak{L})$. Der Grad n sei nicht durch die Charakteristik von $\mathfrak{K}$ teilbar. $\mathfrak{N}_i$ sei ebenfalls über $\mathfrak{K}$ normal, und die Galois-Gruppe $G_i = G(\mathfrak{N}_i : \mathfrak{K})$ sei eine vorgegebene Gruppenerweiterung von A_i durch $\bar{H}$. Die diesen Bedingungen genügenden Körper $\mathfrak{N}$ sind invariant gekennzeichnet durch Bestimmungsstücke des Zwischenkörpers $\mathfrak{L}$ und durch die invarianten Bestimmungsstücke der Gruppenerweiterung G nach der Hasseschen Kennzeichnungstheorie[8] (vgl. HASSE [6], Satz 5).
Die Körper $\mathfrak{N}_1, \mathfrak{N}_2$ gehören genau dann zur gleichen Galois-Gattung, wenn die Bedingungen von Kapitel II, § 4, Satz 4.3 gelten, da Satz 4.3 unabhängig vom zyklischen Charakter der Gruppe $A_n^i(a_i)$ bzw. $\bar{\Gamma}$ ebenfalls für einen nichtzyklischen, abelschen Normalteiler A und eine nichtzyklische, abelsche Faktorgruppe $\bar{H}$ gültig ist.

Es sei nun $\mathfrak{N}_1, \mathfrak{N}_2$ zyklisch über $\mathfrak{L}$ mit $[\mathfrak{N}_i : \mathfrak{L}] = n$ und von der gleichen Galois-Gattung. Dann gilt:

Satz 5.1: *Die Körper $\mathfrak{N}_1, \mathfrak{N}_2$ von der gleichen Galois-Gattung über $\mathfrak{L}, \mathfrak{K}$ gehören dann und nur dann zur gleichen Galois-Art über $\mathfrak{L}, \mathfrak{K}$, wenn sie hinsichtlich eines festgewählten Erzeugendensystems von $\bar{H}$ den gleichen Kummerschen Charakter $\chi_{\mathfrak{N}_1, \mathfrak{L}, \mathfrak{K}} = \chi_{\mathfrak{N}_2, \mathfrak{L}, \mathfrak{K}}$ besitzen, und wenn ein Isomorphismus $\psi : A_1 \to A_2$ existiert derart, daß $\psi h = h'$ für $h \in \bar{H}_\square^2(H, A_1)$ und für die Kohomologieklasse $h' \in H_{\square'}^2(\bar{H}, A_2)$, die durch den kanonischen Isomorphismus $K_{12} : G_1/A_1 \to G_2/A_2$ bestimmt wird.*

[8] Zur Verallgemeinerung dieser Theorie vgl. WOLF, P., [11], sowie die dort angegebene Literatur.

Beweis:

a) Gehören $\mathfrak{N}_1, \mathfrak{N}_2$ zur gleichen Galois-Art, so sind G_1 und G_2 kanonisch (A_1, A_2)-isomorph. Demnach gilt für die induzierten Automorphismengruppen: $\mathfrak{A}(G_1, A_1) \underset{\psi - K_{12}}{\cong} (G_2, A_2)$, und es folgt die Existenz eines Isomorphismus $\psi: A_1 \to A_2$ der verlangten Art. Aus Kapitel II, § 3, Satz 3.2 folgt die Bedingung $\chi_{\mathfrak{N}_1, \mathfrak{L}, \mathfrak{K}} = \chi_{\mathfrak{N}_2, \mathfrak{L}, \mathfrak{K}}$.

b) Die Körper $\mathfrak{N}_1, \mathfrak{N}_2$ seien von der gleichen Gattung, und es gelte die Isomorphie- und Charakterebedingung des Satzes. Wegen $\chi_{\mathfrak{N}_1, \mathfrak{L}, \mathfrak{K}} = \chi_{\mathfrak{N}_2, \mathfrak{L}, \mathfrak{K}}$, A_i zyklisch $(i = 1, 2)$ gilt $\mathfrak{A}(G_1, A_1) \underset{\psi' - K_{12}}{\cong} \mathfrak{A}(G_2, A_2)$ für *jeden* Isomorphismus $\psi': A_1 \to A_2$, speziell also für den Isomorphismus ψ der Bedingung. G_1 und G_2 sind also kanonisch (A_1, A_2)-isomorph, d. h., G_1 und G_2 gehören zur gleichen Galois-Art.
Die Identität der Kummerschen Charaktere $\chi_{\mathfrak{N}_1, \mathfrak{L}, \mathfrak{K}}$ und $\chi_{\mathfrak{N}_2, \mathfrak{L}, \mathfrak{K}}$ allein ist also in diesem Falle nicht mehr hinreichend für die Existenz eines kanonischen (A_1, A_2)-Isomorphismus bei vorausgesetzter (A_1, A_2)-Isomorphie von G_1 auf G_2. Die Charakterebedingung jedoch ist für den betrachteten Erweiterungsfall hinreichend im Spezialfall zerfallender Galois-Gruppen G_1 und G_2 von $\mathfrak{N}_1, \mathfrak{N}_2$ über $\mathfrak{K}$, wie aus Kapitel II, § 4, Satz 4.3 und Satz 5.1 sofort gefolgert werden kann:

Satz 5.2: *Die Körper $\mathfrak{N}_1, \mathfrak{N}_2$ von der gleichen Galois-Gattung über $\mathfrak{L}, \mathfrak{K}$ mit zerfallenden Galois-Gruppen G_1 und G_2 gehören dann und nur dann zur gleichen Galois-Art über $\mathfrak{L}, \mathfrak{K}$, wenn hinsichtlich eines festgewählten Erzeugendensystems von $\bar{H}$ die Kummerschen Charaktere $\chi_{\mathfrak{N}_1, \mathfrak{L}, \mathfrak{K}} = \chi_{\mathfrak{N}_2, \mathfrak{L}, \mathfrak{K}}$ übereinstimmen.*

Satz 3.3 von Kapitel II, § 3 zeigt, daß, wenn $G(\mathfrak{N}_i : \mathfrak{L}) = A_i$ $(i = 1, 2)$ zyklisch ist, die Charakterebedingung $\chi_{\mathfrak{N}_1, \mathfrak{L}, \mathfrak{K}} = \chi_{\mathfrak{N}_2, \mathfrak{L}, \mathfrak{K}}$ durch die Automorphismenbedingung:

(A) »$K_{12}^{-1} J_{12}$ bildet Z_1 auf sich ab und induziert in $\bar{G}_1/\bar{Z}_1$ den identischen Automorphismus«

ersetzt werden kann, wobei J_{12} irgendeinen und K_{12} den kanonischen Isomorphismus von $\bar{G}_1$ auf $\bar{G}_2$ bedeuten.
Ist die Galois-Gruppe $A_i = G(\mathfrak{N}_i : \mathfrak{L})$ $(i = 1, 2)$ abelsch, jedoch nicht zyklisch, so folgt aus der kanonischen Isomorphie der Gruppen $\mathfrak{A}(G_i, A_i)$ der (A_1, A_2)-isomorphen Gruppen G_1, G_2 auf Grund des Satzes 6.4 von Kapitel I, § 6 allgemein nicht die Gültigkeit der Automorphismenbedingung (A), und der fundamentale Satz 6.5 von Kapitel I, § 6 zeigt, daß im allgemeinen nicht immer ein Isomorphismus I_{12}^* von G_1 auf G_2 existiert derart, daß die Kopplung des Induktionsisomorphismus $J_{12}^*: \bar{G}_1 \to \bar{G}_2$ mit dem kanonischen Isomorphismus $K_{12}: \bar{G}_1 \to \bar{G}_2$ einen Automorphismus $K_{12}^{-1} J_{12}$ von $\bar{G}$ liefert, der der Automorphismenbedingung (A) genügt. Umgekehrt aber folgt aus der Gültigkeit

von (A) gemäß Satz 6.3 von Kapitel I, § 6 stets die $(\psi - K_{12})$-Isomorphie der Automorphismengruppen $\mathfrak{A}(G_i, A_i)$ $(i = 1, 2)$ der bezüglich ψ (A_1, A_2)-isomorphen Gruppen G_1, G_2.

Ist die Galois-Gruppe $G(\mathfrak{L} : \mathfrak{K})$ zyklisch, so folgt hieraus:

Satz 5.3: *Hinreichend dafür, daß die über $\mathfrak{L}, \mathfrak{K}$ normalen Körper $\mathfrak{N}_1, \mathfrak{N}_2$ von der gleichen Galois-Gattung mit den abelschen Galois-Gruppen $A_i = G(\mathfrak{N}_i : \mathfrak{L})$ $(i = 1, 2)$ und den Galois-Gruppen $G_i = G(\mathfrak{N}_i : \mathfrak{K})$, wobei G_i Gruppenerweiterung von A_i durch $\bar{H} = G(\mathfrak{L} : \mathfrak{K})$ ist, zur gleichen Galois-Art über $\mathfrak{L}, \mathfrak{K}$ gehören, ist die Gültigkeit der Automorphismenbedingung (A) bezüglich dieser Galois-Gruppen.*

Ist $G(\mathfrak{L} : \mathfrak{K})$ nichtzyklisch, jedoch abelsch, so ist (A) allein nicht mehr hinreichend für die Existenz eines kanonischen (A_1, A_2)-Isomorphismus bei vorausgesetzter (A_1, A_2)-Isomorphie bezüglich ψ von G_1 auf G_2, da für die durch K_{12} definierte Kohomologieklasse h' im allgemeinen $\psi h = h'$ nicht erfüllt ist. Hinreichend ist die Bedingung (A) zusammen mit folgender Isomorphiebedingung (I):

(I) Es existiere ein Isomorphismus $\psi^* = \psi\alpha : A_1 \to A_2$, wobei α ein Automorphismus aus $Z(\mathfrak{A}(G_1, A_1) : \mathrm{Aut} A)$ (vgl. Kapitel I, § 6, Satz 6.1) derart, daß $\psi^* h = h'$ für $h \in H^2_{\square}(\bar{H}, A_1)$ und für die Kohomologieklasse $h' \in H^2_{\square'}(H, A_2)$, die durch K_{12} definiert wird.

Man erhält:

Satz 5.4: *Ist die Galois-Gruppe $G(\mathfrak{L} : \mathfrak{K})$ nichtzyklisch, jedoch abelsch, und gelten für die zur gleichen Galois-Gattung über $\mathfrak{L}, \mathfrak{K}$ gehörenden $\mathfrak{N}_1, \mathfrak{N}_2$ sonst die gleichen Voraussetzungen wie in Satz 5.3, so gehören $\mathfrak{N}_1, \mathfrak{N}_2$ zur gleichen Galois-Art über $\mathfrak{L}, \mathfrak{K}$, wenn die zugehörigen Galois-Gruppen G_1 und G_2 der Isomorphiebedingung (I) und der Automorphismenbedingung (A) genügen.*

Literaturverzeichnis

[1] BAER, R., Erweiterungen von Gruppen und ihren Isomorphismen, Math. Zeit., Bd. 38 (1934), 375–416.

[2] BAER, R., Automorphismen von Erweiterungsgruppen, Actualités Scient. et Industr., Nr. 205, Paris 1935.

[3] EILENBERG, S., und S. MACLANE, Group Extensions and Homology, Ann. of Math., vol. 43 (1942), 757–831.

[4] EILENBERG, S., und S. MACLANE, Cohomology Theory in Abstract Groups I, Ann. of Math., vol. 48 (1947), 51–78.

[5] EILENBERG, S., und S. MACLANE, Cohomology Theory in Abstract Groups II, Ann. of Math., vol. 48 (1947), 326–341.

[6] HASSE, H., Invariante Kennzeichnung relativ-abelscher Zahlkörper mit vorgegebener Galois-Gruppe über einem Teilkörper des Grundkörpers, Abh. Deutsch. Akad. Wiss. Berlin, math.-nat. Kl. Nr. 8 (1947).

[7] KRULL, W., Elementare und klassische Algebra II, Sammlung Göschen, Bd. 933 (1959).

[8] KUROSH, A. G., The Theory of Groups, vol. II, Chelsea Publishing Company, New York 1956.

[9] SCHREIER, O., Über die Erweiterung von Gruppen I, Monatsh. math. Phys., Bd. 34 (1926), 165–180.

[10] SCHREIER, O., Über die Erweiterung von Gruppen II, Hamb. Abh., Bd. 4 (1926), 321–346.

[11] WOLF, P., Algebraische Theorie der galoisschen Algebren, Berlin 1956.

[12] ZASSENHAUS, H., Lehrbuch der Gruppentheorie I, Berlin 1937.

MIX
Papier aus verantwortungsvollen Quellen
Paper from responsible sources
FSC® C105338

If you have any concerns about our products,
you can contact us on
ProductSafety@springernature.com

In case Publisher is established outside the EU,
the EU authorized representative is:
Springer Nature Customer Service Center GmbH
Europaplatz 3, 69115 Heidelberg, Germany

Printed by Libri Plureos GmbH
in Hamburg, Germany